普通高等教育"十三五"规划教材

AutoCAD 2016 实用教程

主　编　杨玉红 张宏旭

副主编　闫金迎 王　娟

哈尔滨工业大学出版社
HARBIN INSTITUTE OF TECHNOLOGY PRESS

内容简介

本书重点介绍 AutoCAD 2016 中文版在工程设计中的应用方法与技巧,内容由浅入深、从易到难,每一章的知识点都配有案例讲解,帮助读者加深理解并掌握相关内容;同时,每章的最后还配有练习题,借以巩固本章所学知识,提高综合运用能力。

本书可作为广大 AutoCAD 初学者和爱好者学习 AutoCAD 的基础教材,还可用作各类计算机培训中心和职业培训、中职中专、高职高专、本科院校的教材。

图书在版编目(CIP)数据

AutoCAD2016 实用教程/ 杨玉红 ,张宏旭主编. ——
哈尔滨:哈尔滨工业大学出版社,2018.7(2019.3 重印)
ISBN 978 - 7 - 5603 - 7474 - 1

Ⅰ. ①A… Ⅱ. ①杨… ②张… Ⅲ. ①AutoCAD 软件—
教材Ⅳ. ①TP391.72

中国版本图书馆 CIP 数据核字(2018)第 141833 号

策划编辑:闻 竹
责任编辑:李长波
出版发行:哈尔滨工业大学出版社
社 址:哈尔滨市南岗区复华四道街 10 号 邮编:150006
传 真:0451—86414749
网 址:http://hitpress.hit.edu.cn
印 刷:哈尔滨久利印刷有限公司
开 本:787 mm×1 092 mm 1/16 印张 15.75 字数 354 千字
版 次:2018 年 7 月第 1 版 2019 年 3 月第 2 次印刷
书 号:ISBN 978 - 7 - 5603 - 7474 - 1
定 价:48.00 元

前　言

随着计算机技术的飞速发展，计算机辅助设计软件的应用日趋广泛，尤其是 AutoCAD 制图软件，它以友好的用户界面、丰富的绘图命令和强大的编辑功能，逐渐赢得了诸多用户的青睐，在建筑、机械、电子、纺织、化工等应用领域均能看到它的身影。AutoCAD 是 Autodesk 公司开发的一款功能强大的工程绘图软件，使用该软件不仅能够将设计方案用规范、美观的图纸表达，而且还能够有效地帮助设计人员提高设计水平及工作效率，从而解决传统手工绘图效率低、准确度差以及工作强度大的问题。利用 AutoCAD 软件绘制的二维和三维图形，在工程设计、生产制造和技术交流中都起着不可替代的重要作用，被广泛应用于机械、建筑、电子、航天、石油化工、土木工程、冶金、气象、纺织业等领域。在中国，AutoCAD 已成为工程设计领域应用最广泛的计算机辅助设计软件之一。

AutoCAD 软件自 1982 年由 Autodesk 公司推出以来，先后经历了多次的版本升级。新版本的界面根据用户需求做了更多的优化，旨在为用户提供更为便捷的服务，让用户更快地完成绘图任务。与以前的版本相比较，AutoCAD 2016 具有更完善的绘图界面和设计环境，它在性能和功能方面都有较大的增强，同时保证与低版本完全兼容。为了使广大读者能够在短时间内熟练掌握新版本的所有操作，我们专门组织富有经验的一线教师编写了本书，书中全面、详细地介绍了 AutoCAD 2016 的新增功能、使用方法及应用技巧。

本书由黑龙江建筑职业技术学院杨玉红、张宏旭担任主编，闫金迎、王娟担任副主编。杨玉红负责编写第 1 章、第 10 章、第 12 章的内容，张宏旭负责编写第 7 章、第 8 章、第 11 章的内容，闫金迎负责编写第 2 章、第 3 章、第 4 章、第 6 章的内容，王娟负责编写第 5 章、第 9 章的内容。

由于编者水平有限，书中疏漏及不足之处在所难免，敬请各位专家及广大读者指正。

编　者

2018 年 4 月

目　录

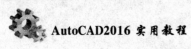

第 1 章　AutoCAD 2016 快速入门

本章学习目标

- 了解和学习 AutoCAD 2016 的新功能。
- 熟悉 AutoCAD 2016 的安装、启动。
- 熟悉 AutoCAD 2016 的各工作界面与工作空间。

1.1　AutoCAD 概述

　　AutoCAD（Auto Computer Aided Design）是 Autodesk（欧特克）公司首次于 1982 年开发的自动计算机辅助设计软件，用于二维绘图、详细绘制、设计文档和基本三维设计。现已经成为国际上广为流行的绘图工具。

　　AutoCAD 具有良好的用户界面，通过交互菜单或命令行方式便可以进行各种操作。它的多文档设计环境，使非计算机专业人员也能很快地学会使用，从而在不断实践的过程中更好地掌握它的各种应用和开发技巧，不断提高工作效率。

1.1.1　AutoCAD 的发展历程

　　AutoCAD 的发展过程可分为初级阶段、发展阶段、高级发展阶段、完善阶段和进一步完善阶段 5 个阶段。

　　在初级阶段 AutoCAD 更新了 5 个版本。1982 年 11 月，Autodesk 公司首次推出了 AutoCAD 1.0 版本；1983 年 4 月，推出了 AutoCAD 1.2 版本；1983 年 8 月，推出了 AutoCAD 1.3 版本；1983 年 10 月，推出了 AutoCAD 1.4 版本；1984 年 10 月，推出了 AutoCAD 2.0 版本。

　　在发展阶段，AutoCAD 更新了以下版本。1985 年，Autodesk 公司推出了 AutoCAD 2.17 版本和 AutoCAD 2.18 版本；1986 年，推出了 AutoCAD 2.5 版本；1987 年后，陆续推出了 AutoCAD 9.0 版本和 AutoCAD 9.03 版本。

　　在高级发展阶段，AutoCAD 经历了 3 个版本，使 AutoCAD 的高级协助设计功能逐步完善。它们是 1988 年推出的 AutoCAD 10.0 版本、1990 年推出的 AutoCAD 11.0 版本和

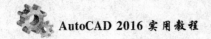

1992 年推出的 AutoCAD 12.0 版本。

在完善阶段，AutoCAD 经历了 3 个版本，逐步由 DOS 平台转向 Windows 平台。1996 年 6 月，AutoCAD R13 版本问世；1998 年 1 月，Autodesk 公司推出了划时代的 AutoCAD R14 版本；1999 年 1 月，Autodesk 公司推出了 AutoCAD 2000 版本。

在进一步完善阶段，AutoCAD 经历了两个版本，功能逐渐加强。2001 年 9 月，Autodesk 公司向用户发布了 AutoCAD 2002 版本；2003 年 5 月，Autodesk 公司在北京正式宣布推出其 AutoCAD 软件的划时代版本——AutoCAD 2004 简体中文版。

Autodesk 公司自 2004 年至今推出了很多版本，一直在完善 AutoCAD 软件的功能，2015 年 3 月发布了最新的 AutoCAD 2016 版。

1.1.2 AutoCAD 的应用领域

AutoCAD 广泛应用于机械、建筑、电子、航空航天、化工、地理、气象、航海、服装等工程设计领域。该软件简单易学、操作方便，是许多工程技术人员绘图的首选软件，也是目前功能最强大的通用型辅助设计绘图软件。AutoCAD 主要用于二维绘图，也具备三维建模能力，能以多种方式创建二维图形，它的辅助设计功能可以方便地查询所绘制图形的长度、面积和体积等。该软件提供了三维空间中的各种绘图和编辑功能，具备三维实体和三维曲面的造型功能，便于用户对设计有直观的了解和认识。

1. 在服装设计中的应用

服装的设计和生产已逐渐形成多品种、小批量以及以消费者为中心进行设计和生产的发展方向，但是服装单量单裁、单个定制等设计生产方式影响产品的交货时间，并且产品质量不稳定，达不到快速、个性化的服装发展要求。随着计算机和网络技术的快速发展，AutoCAD 在服装企业中得到广泛应用，大大缩短了产品设计与制作周期，加快了产品的研制速度，也节省了手工作业重复操作的时间，提高了生产效率；精确控制了产品的尺寸，提升了产品的质量；合理的面料搭配、排料及剪裁也降低了企业的成本，还提高了设计工作的科学性和创造性，让设计师的设计灵感得到充分的体现。图 1-1 所示为使用 AutoCAD 制作的服装设计图。

图 1-1　服装设计图

2. 在电气设计中的应用

AutoCAD 在电气设计中的应用体现在电气工程中的各个环节，如概念设计、优化设计、计算机仿真、施工图及效果图绘制等。AutoCAD 在电气设计中的应用范围非常广泛，涉及电力系统设计、工厂电气、建筑电气、控制电气、电气回路设计等方面。

3. 在机械设计中的应用

AutoCAD 在机械设计中的应用涉及汽车、减速器、内燃机、电动机、变压机、汽轮机、轴承、发电设备、组合机床、数控机床等领域。AutoCAD 技术在机械设计中的广泛应用缩短了机械设计周期，使得零件设计和修改十分方便，在装配环境中装配零件方便直观，提高了机械产品的技术含量与质量，图 1-2 所示为阀体的凸轮设计制图。

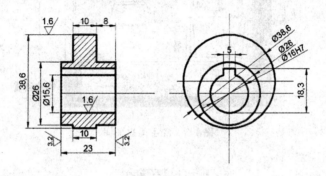

图 1-2　阀体的凸轮设计制图

4. 在工程设计中的应用

通过多年的设计实践，AutoCAD 技术以简单、快捷、存储方便等优点在工程设计中承担了不可替代的作用。许多工程都应用了计算机辅助设计和辅助绘图，尤其是建立了计算机网络辅助设计与管理后，不仅能提高设计质量、缩短设计周期，而且创造了良好的经济效益和社会效益。AutoCAD 技术的应用使工程技术人员如虎添翼，使他们在更加广阔的天地里施展才华。

AutoCAD 最伟大的功能之一就是一些相近、相似的工程设计，只要简单修改图纸或者直接套用即可，而工作人员只需按几下键盘、鼠标，因此工作效率会比较高。Auto-CAD 软件可以将建筑施工图直接转换成设备底图，使水暖、电气设计师不用在描绘设备底图上浪费时间，而且现在流行的 AutoCAD 软件大多提供丰富的分类图库、通用详图，设计师需要时可以直接调入。重复工作越多，这种优势越明显。一个普通的框架结构，以往手工计算需要一个星期左右，用 AutoCAD 计算，一天就可以完成。

5. 在室内装饰设计中的应用

根据设计的过程，室内设计通常可以分为 4 个阶段，即设计准备阶段、方案设计阶段、施工图设计阶段和设计实施阶段。

在设计绘图阶段所要做的工作一般是用 AutoCAD 软件绘制正式的装饰设计图和施工

图，其中包括平面图、立面图、剖面图、细部节点详图等，如图1-3、图1-4所示。

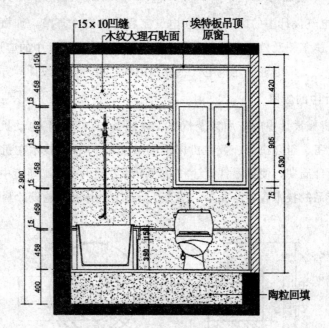

图 1-3 洗手间立面图

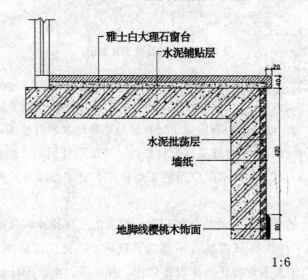

图 1-4 窗台剖面图

6. 在建筑设计中的应用

在建筑设计中，AutoCAD技术是发展最快的技术之一，已应用到从基本规划设计到投标报价、施工、数据管理等各个方面。AutoCAD在建筑设计中的优点是使劳动强度降低、图面清洁，使设计工作高效、设计成果重复利用，使精度提高，并使资料保管更方便，如图1-5所示。

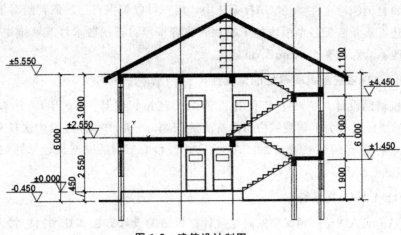

图 1-5　建筑设计制图

7. 在园林绿化设计中的应用

在园林绿化设计中，AutoCAD 主要用于绘制各类平面图、园林小品三维图和效果表现图，建模不仅方便快捷而且便于与其他专业的规划设计工作接轨，实现一定的资源共享，尤其对一些需多个单位参与配套设计的建设项目更可大幅度地提高工作效率。

1.1.3　AutoCAD 系统的发展趋势

当前工业企业正面临着市场全球化、制造国际化和品种需求多样化的新挑战，各企业间围绕着时间、质量和成本的竞争越来越激烈，由此出现了一系列先进制造技术、系统和新的生产管理方法，如并行工程、及时生产、精良生产、敏捷制造和虚拟现实技术等，所有这些先进制造技术和系统都与 AutoCAD 系统的发展与应用密切相关。目前 AutoCAD 系统的发展趋势主要有以下 5 个方面。

1. AutoCAD 系统应面向产品的全过程

在产品的全过程中，要求产品的信息能在产品生命周期的不同环节方便地转换，有助于产品开发人员在设计阶段能全方位地考虑产品的成本、质量、进度及用户需求。

2. AutoCAD 系统应满足并行设计的要求

并行工程的关键是用并行设计方法代替串行设计方法。产品在设计过程中可以很容易地被分解为不同的模块，分别由不同设计人员分工进行设计，然后通过计算机网络进行组装和集成。在产品的开发过程中，使开发组成员易于实现半结构化通信，同时不同的设计层具有不同的管理使用权限。对产品建立统一的数据模型后进行动态管理。

3. AutoCAD 系统应满足灵活的虚拟现实技术

设计人员可在虚拟现实中创造新的产品模型，并检查设计效果，可以及早看到新产品的外形，以便从多方面观察和评审所设计的产品。可以运用虚拟工具任意改变产品的外形而无须耗费材料以占用加工设备，这种方法可尽早发现在产品研制过程的最初阶段出现的设计缺陷，如结构空间的干涉等问题，以保证设计的准确性。AutoCAD 系统具有很好的可移植性和自组织性，在 AutoCAD 系统中，用户可以根据自己的需要随时加入运行文件和模块，还可重新装配各个模块的子模块，或者按照自己的要求修改系统中的不足之处，而这种修改不会影响整个 AutoCAD 系统。

4. AutoCAD 系统应具有很好的集成性

计算机辅助设计（CAD）与计算机辅助工艺过程设计（CAPP）、计算机辅助制造（CAM）的集成已成为工程领域中急需解决的问题。一般可以通过两个途径来解决：一是通过接口，将现有的各自独立的 CAD、CAPP 和 CAM 系统连接起来；二是开发集成CAD/CAPP/CAM 系统。

5. 智能 AutoCAD 系统

智能 AutoCAD 是一种新型的高层次计算机辅助设计方法和技术。它将人工智能的理论和技术与 AutoCAD 相结合，使计算机具有支持人类专家的设计思维、推理决策及模拟人的思维方法与智能行为的能力，从而把设计自动化推向更高的层次，这种智能性具体表现在以下两点。

•智能地支持设计人员，而且人机接口也是智能的。系统必须懂得设计人员的意图，能够检测失误、回答问题、提出建议方案等。

•具有推理能力，使不熟悉的设计人员也能做出好的设计。

在未来几十年里，AutoCAD 技术将在建模技术、软件组件集成智能化方面进一步发展，因而必将在工程设计的各个领域发挥越来越重要的作用。

1.2 安装和启动 AutoCAD 2016

1.2.1 安装 AutoCAD 2016

AutoCAD 2016 软件包以光盘形式提供，光盘中有名为 SETUP. EXE 的安装文件。执行 SETUP. EXE 文件（将 AutoCAD 2016 安装盘放入 DVD/CD－RW 驱动器后一般会自动执行 SETUP. EXE 文件），首先弹出如图 1-6 所示的安装初始化界面。

图 1-6　安装初始化界面

经过初始化后，弹出如图 1-7 所示的安装选择界面。此时单击"安装　在此计算机上安装"选项，即可进行相应的安装操作，直至软件安装完毕。需要说明的是，安装 Auto-CAD 2016 时，用户应根据提示信息进行必要的选择。

图 1-7　安装选择界面

1.2.2　启动 AutoCAD 2016

安装 AutoCAD 2016 后，系统会自动在 Windows 桌面上生成对应的快捷方式图标，双击该快捷方式图标，即可启动 AutoCAD 2016。与启动其他应用程序一样，也可以通过 Windows 资源管理器、Windows 任务栏上的按钮 开始 等启动 AutoCAD 2016。

1.3　AutoCAD 2016 工作空间及经典工作界面

1.3.1　AutoCAD 2016 工作空间

AutoCAD 2016 的工作空间（又称为工作界面）有 AutoCAD 经典、草图与注释、三维建模和三维基础 4 种形式。图 1-8～1-11 所示分别是 AutoCAD 经典、草图与注释、三维建模和三维基础的部分工作界面。

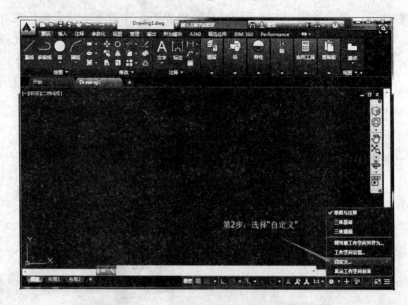

图 1-8　AutoCAD 经典部分工作界面

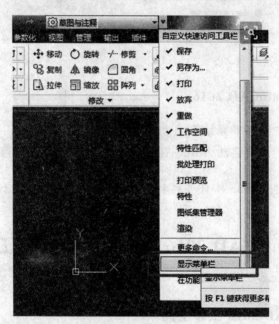

图 1-9　草图与注释部分工作界面

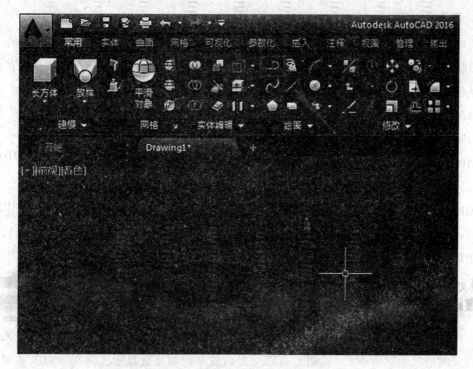

图 1-10　三维建模部分工作界面

图 1-11　三维基础部分工作界面

1.3.2　AutoCAD 2016 经典工作界面

AutoCAD 2016 经典工作界面由标题栏、绘图文件选项卡、菜单栏、多个工具栏、绘图窗口、光标、坐标系图标、模型/布局选项卡、命令窗口（又称为命令行窗口）、状态栏、菜单浏览器、ViewCube 等组成。下面简要介绍它们的功能。

1. 标题栏

标题栏位于工作界面的最上方，其功能与其他 Windows 应用程序类似，用于显示 AutoCAD 2016 的程序图标以及当前所操作图形文件的名称。位于标题栏右上角的按钮用于实现 AutoCAD 2016 窗口的最小化、最大化和关闭操作。

2. 绘图文件选项卡

绘图文件选项卡是 AutoCAD 2016 新增功能选项，利用它可以直观显示出当前已打开或绘制的图形文件，用户还可以方便地通过它切换当前要操作的图形文件。

3. 菜单栏

菜单栏是 AutoCAD 2016 的主菜单，利用菜单能够执行 AutoCAD 的大部分命令。单击菜单栏中的某一项，可以打开对应的下拉菜单。下拉菜单及其子菜单，用于编辑所绘图形等操作。

下拉菜单具有以下特点。

(1) 右侧有符号"▶"的菜单项，表示它还有子菜单。

(2) 右侧有符号"…"的菜单项，被单击后将显示出一个对话框。

(3) 单击右侧没有任何标识的菜单项，会执行对应的 AutoCAD 命令。

AutoCAD 2016 还提供有快捷菜单，用于快速执行 AutoCAD 的常用操作，单击鼠标右键可打开快捷菜单。当前的操作不同或光标所处的位置不同时，单击鼠标右键后打开的快捷菜单也不同。

4. 工具栏

AutoCAD 2016 提供了 50 多个工具栏，每个工具栏上都有一些命令按钮。将光标放到命令按钮上稍做停留，AutoCAD 会弹出工具提示（即文字提示标签），以说明该按钮的功能以及对应的绘图命令。（说明：可以通过设置来控制是否显示工具提示以及扩展的工具提示。）

工具栏中右下角有小黑三角形的按钮，可以引出一个包含相关命令的弹出工具栏。将光标放在这样的按钮上，按下鼠标左键，即可显示出弹出的工具栏。

单击工具栏上的某一按钮可以启动对应的 AutoCAD 命令。

AutoCAD 的工具栏是浮动的，用户可以将各工具栏拖放到工作界面的任意位置。由于用计算机绘图时的绘图区域有限，因此绘图时应根据需要只打开那些当前使用或常用的工具栏（如标注尺寸时打开"标注"工具栏），并将其放到绘图窗口的适当位置。

用户可以为快速访问工具栏添加命令按钮，其方法为：在快速访问工具栏上单击鼠标右键，会弹出快捷菜单。从快捷菜单中选择"自定义快速访问工具栏"，弹出"自定义用户界面"对话框，从对话框的"命令"列表框中找到要添加的命令后，将其拖到快速访问工具栏，即可为该工具栏添加对应的命令按钮。

5. 绘图窗口

绘图窗口类似于手工绘图时的图纸，用 AutoCAD 2016 绘图就是在此区域中完成的。

6. 光标

AutoCAD 的光标用于绘图、选择对象等操作。光标位于 AutoCAD 的绘图窗口时为十字形状，故又称为十字光标，十字线的交点为光标的当前位置。

7. 坐标系图标

坐标系图标用于表示当前绘图所使用的坐标系形式以及坐标方向等。AutoCAD 提供了世界坐标系（World Coordinate System，WCS）和用户坐标系（User Coordinate System，UCS）两种坐标系。世界坐标系为默认坐标系，且默认时水平向右方向为 X 轴正方向，垂直向上方向为 Y 轴正方向。（说明：可以通过"视图"→"显示"→"UCS 图标"→"特性"命令设置坐标系图标的样式。）

8. 模型/布局选项卡

模型/布局选项卡用于实现模型空间与图纸空间的切换。

9. 命令窗口

命令窗口是 AutoCAD 显示用户从键盘输入的命令和 AutoCAD 提示信息的地方。默认设置下，AutoCAD 在命令窗口保留所执行的最后 3 行命令或提示信息。可以通过拖动窗口边框的方式改变命令窗口的大小，使其显示多于 3 行或少于 3 行的信息。

用户可以隐藏命令窗口，隐藏方法为：单击菜单"工具"→"命令行"，AutoCAD 弹出"命令行→关闭窗口"对话框，单击对话框中的"是"按钮，即可隐藏命令窗口。隐藏命令窗口后，可以通过单击菜单项"工具"→"命令行"再显示出命令窗口。

10. 状态栏

状态栏用于显示或设置当前绘图状态。位于状态栏上最左边的一组数字反映当前光标的坐标值，其余按钮从左到右分别表示当前是否启用了推断约束、捕捉模式、栅格显示、正交模式、极轴追踪、对象捕捉、三维对象捕捉、对象捕捉追踪、允许/禁止动态 UCS、动态输入以及是否按设置的线宽显示图形等。单击某一按钮可实现启用或关闭对应功能的切换，按钮为蓝颜色表示启用对应的功能，按钮为灰颜色则表示关闭该功能。

11. 菜单浏览器

AutoCAD 2016 还提供了菜单浏览器，单击"菜单浏览器"按钮会将浏览器展开，利用其可以执行 AutoCAD 的相应命令。

12. ViewCube

利用该工具可以方便地将视图按不同的方位显示。AutoCAD 默认打开 ViewCube，但对于二维绘图而言，此功能的作用不大。

1.4　管理图形文件

在 AutoCAD 2016 中，图形文件管理一般包括创建新图形文件、打开图形文件、保存文件、加密文件和关闭图形文件等。

1.4.1　创建新图形文件

在 AutoCAD 快速访问工具栏中单击"新建"按钮或单击"菜单浏览器"按钮，在弹出的菜单中选择"新建"→"图形"命令，可以创建新的图形文件，此时将打开"选择样板"对话框。

在"选择样板"对话框中，可以在样板列表框中选中某一个样板文件，这时在右侧的"预览"框中将显示出该样板的预览图像，单击"打开"按钮，可以将选中的样板文件作为样板来创建新图形。样板文件中通常包含与绘图相关的一些通用设置，如图层、线型、文字样式等，使用样板创建新图形不仅提高了绘图的效率，而且还保证了图形的一致性。

1.4.2　打开图形文件

在快速访问工具栏中单击"打开"按钮或单击"菜单浏览器"按钮，在弹出的菜单中选择"打开"→"图形"命令，可以打开已有的图形文件，此时将打开"选择文件"对话框。

在"选择文件"对话框的文件列表框中，选择需要打开的图形文件，在右侧的"预览"框中将显示出该图形的预览图像。默认情况下，打开的图形文件的格式都为".dwg"格式。图形文件有"打开""以只读方式打开""局部打开"和"以只读方式局部打开"4种打开方式。如果以"打开"和"局部打开"方式打开图形，可以对图形文件进行编辑；若以"以只读方式打开"和"以只读方式局部打开"方式打开图形，则无法编辑图形文件。

1.4.3　保存图形文件

在 AutoCAD 中，可以使用多种方式将所绘图形以文件形式存入磁盘。

在快速访问工具栏中单击"保存"按钮或单击"菜单浏览器"按钮，在弹出的菜单中选择"保存"命令，以当前使用的文件名保存图形；也可以单击"菜单浏览器"按钮，在弹出的菜单中选择"另存为"→"图形"命令，将当前图形以新的名称保存。

在第一次保存创建的图形时，系统将打开"图形另存为"对话框。默认情况下，文件以"AutoCAD 2016 图形（＊.dwg)"格式保存，也可以在"文件类型"下拉列表框中选择其他格式。

1.4.4　关闭图形文件

单击"菜单浏览器"按钮，在弹出的菜单中选择"关闭"→"当前图形"命令或在绘图窗口中单击"关闭"按钮可以关闭当前图形文件。

执行"关闭"命令后，如果当前图形没有保存，系统将弹出 AutoCAD 警告对话框，询问是否保存文件。此时，单击"是"按钮或直接按回车键，可以保存当前图形文件并将其关闭；单击"否"按钮，可以关闭当前图形文件但不保存；单击"取消"按钮，可以取消关闭当前图形文件，既不保存也不关闭当前图形文件。

1.4.5　应用案例

本章的上机练习是在 AutoCAD 2016 中打开一个图形文件，然后打印打开的图形。用户可以通过实例操作巩固所学的知识。

（1）在快速访问工具栏中选择"显示菜单栏"命令，在弹出的菜单中选择"文件"→"打开"命令，打开"选择文件"对话框并选中图 1-12 所示的图形，然后单击"打开"按钮将其打开。

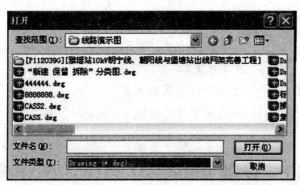

图 1-12　"选择文件"对话框

（2）选择"文件"→"打印"命令，打开"打印模型"对话框，然后在"打印机/绘图仪"选项区域中单击"名称"下拉列表按钮，在弹出的下拉列表中选择一个可用的打印机。

（3）单击"图纸尺寸"下拉列表按钮，在弹出的下拉列表中选中 A4 选项；在"打印偏移"选项区域中选中"居中打印"复选框；在"打印比例"选项区域中选中"打印比例"复选框；在"打印选项"选项区域中分别选中"打印对象线宽"复选框和"按样式打印"复选框；在"图形方向"选项区域中选中"横向"复选框。

本章习题

1. 在 AutoCAD 2016 中打开一个图形文件的方式有哪几种？这几种方式有何区别？

2. 请说明 AutoCAD 2016 工作界面的状态栏中各个按钮的主要功能。

3. 在 AutoCAD 2016 的快速访问工具栏中添加"渲染"按钮，并删除"新建"按钮。

4. AutoCAD 2016 提供了一些示例图形文件（位于 AutoCAD 2016 安装目录下的 Sample 子目录），打开并浏览图形，试着将其中的图形文件重命名保存于自己的目录中。

5. 打开一个 AutoCAD 图形文件，将其输出设置为 .wmf 文件格式。

第 2 章　AutoCAD 2016 绘图基础

本章学习目标

- AutoCAD 2016 绘图环境的设置。
- 了解 AutoCAD 2016 命令与系统变量的使用。
- 熟练掌握 AutoCAD 2016 坐标系与绘图基本方法。

2.1　设置 AutoCAD 2016 绘图环境

为了方便绘图，可以根据直接绘图的习惯对绘图环境进行设置。设置绘图环境包括设置绘图界限、绘图单位、绘图区颜色、十字光标大小、命令行的显示行数与字体，以及工作空间中菜单栏的显示、工作空间的保存和选择。

2.1.1　设置绘图界限

绘图界限相当于手工绘图时规定的图纸大小，在 AutoCAD 2016 中默认的绘图界限为无限大，如果开启了绘图界限检查功能，那么若输入或拾取的点超出绘图界限，操作将无法进行。如果关闭了绘图界限检查功能，则绘制图形时将不受绘图范围的限制。设置绘图界限的命令是 LIMITS，具体操作过程如下。

命令：LIMITS　　　　　　　　　//执行 LIMITS 命令
重新设置模型空间界限：　　　　　//系统提示将要进行的操作
　指定左下角点或［开（ON）/关（OFF）］＜0.0000，0.0000＞：　　//设置绘图区域
左下角的坐标，这里保持默认，直接按回车键，表示左下角点的坐标位置为（0，0）
　指定右上角点＜420.0000，297.0000＞：297，210　//设置绘图区域右上角的坐标
　在执行命令的过程中各选项的含义如下。
- 开（ON）：选择该选项表示开启图形界限功能。
- 关（OFF）：选择该选项表示关闭图形界限功能。

注意：
在用户开启或关闭图形界限功能后，执行 REGEN 命令重新生成视图（或在 Auto-

CAD 2016 的菜单栏中选择"视图"→"重生成"命令）后，设置才能生效。

2.1.2　设置绘图单位

绘图单位直接影响绘制图形的大小，设置绘图单位的方法有以下两种。

（1）在 AutoCAD 2016 菜单栏中选择"格式"→"单位"命令。

（2）在命令行中执行 UNITS、DDUNITS 或 UN 命令。

执行以上操作后，都将弹出一个对话框，通过该对话框可以设置长度的单位与精度，其中各选项的含义如下。

（1）"长度"选项组：在"类型"下拉列表中可选择长度单位的类型，如分数、科学和小数等；在"精度"下拉列表中可选择长度单位的精度。

（2）"角度"选项组：在"类型"下拉列表中可选择角度单位的类型，如百分度、度/分/秒、弧度、勘测单位和十进制度数等；在"精度"下拉列表中可选择角度单位的精度；"顺时针"复选框，系统默认取消选择该复选框，即以逆时针方向旋转的角度为正方向，若选择该复选框，则以顺时针方向为正方向。

（3）"插入时的缩放单位"选项组：在"用于缩放插入内容的单位"下拉列表中可选择插入图块时的单位，这也是当前绘图环境的尺寸单位。

（4）"方向"按钮：单击该按钮将弹出"方向控制"对话框。在其中可设置基准角度，例如，设置 0°的角度时，若在"基准角度"选项组中选择"北"单选按钮，那么绘图时的 0°实际在 90°方向上。

2.1.3　设置绘图区颜色

同以前版本的 AutoCAD 一样，用户可以根据自己的绘图习惯自行更改绘图区的颜色，具体操作过程如下。

Step01：在绘图区中右击，在弹出的快捷菜单中选择"选项"命令。

Step02：弹出"选项"对话框，切换至"显示"选项卡，在"窗口元素"选项组中单击"颜色"按钮。

Step03：弹出"图形窗口颜色"对话框，在"颜色"下拉列表中选择需要的颜色即可。若在软件的可选颜色中没有需要的颜色，可选择"选择颜色"选项。

Step04：弹出"选择颜色"对话框，选择需要的颜色，这里在"颜色"文本框中输入新的数值（249，183，251），然后单击"确定"按钮。

Step05：返回"图形窗口颜色"对话框，单击"应用并关闭"按钮，再返回"选项"对话框，单击"确定"按钮，即可看到绘图区的颜色改为所设置的颜色。

2.1.4　设置十字光标大小

用户可根据实际需要设置十字光标的大小，具体操作过程如下。

Step01：在绘图区中右击，在弹出的快捷菜单中选择"选项"命令，弹出"选项"对话框。

Step02：切换至"显示"选项卡，在"十字光标大小"文本框中输入需要的大小，或拖动文本框右侧的滑块到合适的位置，这里在文本框中输入 50。

Step03：切换至"选择集"选项卡，在"拾取框大小"选项组中向右拖动滑块至所需位置。

Step04：点击"确定"按钮，返回 AutoCAD 2016 工作界面，即可看到十字光标与原来相比更长，拾取框更大。

2.1.5 设置命令行的显示行数与字体

除了可以根据个人绘图习惯的不同随时缩小和扩展命令行外，用户还可以将命令行中的字体设置为自己喜欢的类型，具体操作过程如下。

Step01：将鼠标光标移至命令行边上，等待鼠标光标变成所需状态。

Step02：按住鼠标左键不放，向上或向下推动鼠标即可扩展或缩小命令行。

Step03：在绘图区中右击，在弹出的快捷菜单中选择"选项"命令，弹出"选项"对话框，切换至"显示"选项卡，在"窗口元素"选项组中单击"字体"按钮。

Step04：弹出"命令行窗口字体"对话框，在"字体"文本框中输入需要的字体名称，或在其下拉列表中选择需要的字体，这里选择"新宋体"选项。

Step05：在"字形"文本框中输入需要的字形名称，或在其下拉列表中选择需要的字形，这里选择"粗体倾斜"选项。

Step06：在"字号"文本框中输入需要的字号，或在其下拉列表中选择需要的字号，这里选择"四号"选项，然后单击"应用并关闭"按钮。

Step07：返回"选项"对话框，单击"确定"按钮，返回工作界面，即可看到命令行的字体发生了变化。

2.1.6 设置工作空间——菜单栏的显示

习惯使用以前版本中菜单栏的用户，也能在 AutoCAD 2016 中将其调出使用，具体操作过程如下。

Step01：单击快速访问工具栏右侧的▾按钮，在弹出的"自定义快速访问工具栏"中选择"显示菜单栏"命令。

Step02：返回工作界面即可看到菜单栏已显示在选项卡的上方。再次单击快速访问工具栏右侧的▾按钮，在弹出的菜单中选择"隐藏菜单栏"命令，可以隐藏菜单栏。

2.1.7 设置工作空间——保存工作空间

用户可以将习惯使用的工作空间进行保存，以方便以后随时调用，具体操作过程如下。

Step01：单击状态栏中的"切换工作空间"按钮，在弹出的菜单栏中选择"将当前工作空间另存为"命令。

Step02：在弹出"保存工作空间"对话框中"名称"文本框中输入文本"新空间"，然后单击"保存"按钮，保存设置的工作空间。

2.1.8　设置工作空间——选择工作空间

用户可以根据自己的习惯对工作空间进行切换，具体操作过程如下。

单击状态栏中的"切换工作空间"按钮，在弹出的菜单中选择相应的工作空间，即可切换至选择的工作空间中。

2.1.9　实例——启动 AutoCAD 2016 设置绘图环境

下面使用前面讲解的知识设置一个工作环境，然后将其保存。

Step01：启动 AutoCAD 2016，在命令行中输入命令 LIMITS，具体操作过程如下。

命令：LIMITS　　　　　　　//执行 LIMITS 命令

重新设置模型空间界限：　　　　//系统提示将要进行的操作

指定左下角点或 [开（ON）/关（OFF）] <0.0000，0.0000>：　　//设置绘图区域左下角的坐标，这里保持默认，直接按回车键，表示左下角点的坐标位置为（0，0）

指定右上角点<420.0000，297.0000>：　　//按回车键设置绘图区域右上角的坐标

Step02：在命令行中输入命令 UN，弹出"图形单位"对话框，在"长度"选项组的"精度"下拉列表中选择 0.0000 选项，然后单击"确定"按钮。

Step03：在绘图区中右击，在弹出的快捷菜单中选择"选项"命令，弹出"选项"对话框，切换至"显示"选项卡，在"十字光标大小"文本框中输入 20。

Step04：切换至"选择集"选项卡，向右拖动"拾取框大小"滑块至所需位置，单击"确定"按钮。

Step05：单击状态栏中的"切换工作空间"按钮，在弹出的菜单中选择"三维建模"命令，将工作空间切换至"三维建模"模式。

2.2　使用命令与系统变量

在 AutoCAD 中，菜单命令、工具按钮、命令和系统变量都是相互对应的。可以选择某一菜单命令，或单击某个工具按钮，或在命令行中输入命令和系统变量来执行相应命令。命令是 AutoCAD 绘制与编辑图形的核心。

2.2.1 使用鼠标操作执行命令

在绘图窗口中，光标通常显示为"＋"字线形式。当光标移至菜单选项、工具或对话框中时，将会变成一个箭头。无论光标是"＋"字线形式还是箭头形式，当单击或按下鼠标键时，均可执行相应的命令或动作。在 AutoCAD 中，鼠标键是按照下述规则定义的。

· 拾取键：通常指鼠标左键，用于指定屏幕上的点，也可以用于选择 Windows 对象、AutoCAD 对象、工具按钮和菜单命令等。

· 回车键：指鼠标右键，相当于回车键，用于结束当前使用的命令，此时系统根据当前绘图状态弹出不同的快捷菜单。

· 弹出菜单：当使用 Shift 键和鼠标右键的组合时，系统将弹出一个快捷菜单，用于设置捕捉点的方法。对于 3 键鼠标，弹出按钮通常是鼠标的中间按钮。

2.2.2 使用键盘输入指令

在 AutoCAD 中，大部分的绘图和编辑功能都需要通过键盘输入完成。通过键盘可以输入命令、系统变量。此外，键盘还是输入文本对象、数值参数、点的坐标或进行参数选择的唯一方法。

2.2.3 使用命令行

在 AutoCAD 中，默认状态下"命令行"是一个可固定的窗口，可以在当前命令行提示下输入命令、对象参数等内容。对于大多数命令，"命令行"中可以显示执行完成的两条命令提示（也称为命令历史），而对于一些输出命令，如 TIME、LIST 命令，需要在放大的"命令行"或"AutoCAD 文本窗口"中显示。

在"命令行"窗口中右击，AutoCAD 将显示一个快捷菜单。通过该菜单可以选择最近使用过的 6 个命令，进行输入设置、剪切和复制选定的文字、复制历史记录，粘贴文字或粘贴到命令行，以及打开"选项"对话框等操作。

在命令行中，可以使用 Back Space 或 Delete 键删除命令行中的文字，也可以选中命令历史，并执行"粘贴到命令行"命令，将其粘贴到命令行中。

2.2.4 使用系统变量

在 AutoCAD 中，系统变量用于控制某些功能和设计环境，命令的工作方式可以打开或关闭捕捉、栅格或正交等绘图模式，设置默认的填充图案，或存储当前图形和 Auto-CAD 配置的有关信息。

系统变量通常是 6～10 个字符长的缩写名称。许多系统变量有简单的开关设置。例如 GR/DMODE 系统变量用于打开或关闭栅格显示，当在命令行的"输入 GRIDMODE 的新值<1>："提示下输入 0 时，可以关闭栅格显示；当在命令行的"输入 GRIDMODR 的新值<0>："提示下输入 1 时，可以打开栅格显示。有些系统变量则用来存储数值或文字，如 DATE 系统变量用来存储当前日期。

可以在对话框中修改系统变量，也可以直接在命令行中修改系统变量。例如，使用 ISOLINES 命令修改曲面的线框密度，可在命令行提示下输入该系统变量名称并按回车键，然后输入新的系统变量值并按回车键即可，详细操作如下。

命令：ISOLINES　　　　　　　//输入系统变量名称
输入 ISOLINES 的新值<4>：32　//输入系统变量的新值

2.2.5　命令的重复、终止与撤销

在 AutoCAD 中，可以方便地重复执行同一条命令，或撤销前面执行的一条或多条命令。此外，撤销前面执行的命令后，还可以通过重做来恢复前面执行的命令。

1. 重复命令

可以使用多种方法来重复执行 AutoCAD 命令。例如，要重复执行上一个命令，可以按回车键或空格键，或在绘图区域中右击，在弹出的快捷菜单中选择"重复"命令。若要重复执行最近使用过的 6 个命令中的某一个命令，可以在命令窗口或文本窗口中右击，在弹出的快捷菜单中选择"最近使用的命令"的 6 个子命令之一。若要多次重复执行同一个命令，可以在命令提示下输入 MULTIPLE 命令，然后在命令行的"输入要重复的命令名："提示下输入需要重复执行的命令，这样，AutoCAD 将重复执行该命令，直到按 Esc 键终止。

2. 终止命令

在命令执行过程中，可以随时按 Esc 键终止执行任何命令，Esc 键是 Windows 程序用于取消操作的标准键。

3. 撤销命令

AutoCAD 有多种方法可以放弃最近一个或多个操作，最简单的方法是使用 UNDO 命令来放弃单个操作，也可以一次撤销前面进行的多步操作。这时可在命令提示行中输入 UNDO 命令，然后在命令行中输入需要放弃的操作数目。例如，若要放弃最近的 5 个操作，应输入 5。AutoCAD 将显示放弃的命令或系统变量设置。

执行 UNDO 命令，命令提示行显示如下信息。

输入要放弃的操作数目或［自动（A）/控制（C）/开始（BE）/结束（E）/标记（M）/后退（B）］<1>：

此时，可以使用"标记（M）"选项来标记一个操作，然后再使用"后退（B）"选项放弃标记操作之后执行的所有操作；也可以使用"开始（BE）"选项和"结束（E）"选项来放弃一组预先定义的操作。

如果需要重做使用 UNDO 命令放弃的最后一个操作，可以使用 REDO 命令或在菜单

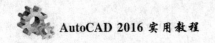

栏中选择"编辑"→"重做"命令或在快速访问工具栏中单击"重做"按钮。

2.3 使用 AutoCAD 的绘图方法

为了满足不同用户的需要，使操作更加灵活方便，AutoCAD 提供了多种方法来实现相同的功能。例如，可以使用菜单栏、"菜单浏览器"按钮和"功能区"选项板等方法来绘制图形对象。

2.3.1 使用菜单栏

绘制图形时，最常用的是"绘图"和"修改"菜单。这两种菜单的具体功能说明如下。

• "绘图"菜单是绘制图形最基本、最常用的菜单。其中包含 AutoCAD 2016 的大部分绘图命令。通过选择该菜单中的命令或子命令。即可绘制出相应的二维图形。

• "修改"菜单用于编辑图形，创建复杂的图形对象。其中包含 AutoCAD 2016 的大部分编辑命令，通过选择该菜单中的命令或子命令，即可完成对图形的所有编辑操作。

2.3.2 使用"菜单浏览器"按钮

单击"菜单浏览器"按钮，在弹出的菜单中选择相应的命令，同样可以执行相应的绘图命令。

提示：单击"菜单浏览器"按钮，在弹出的菜单中单击"退出 Autodesk AutoCAD 2016"按钮，即可关闭 AutoCAD 应用程序。

2.3.3 使用"功能区"选项板

"功能区"选项板包含"默认""插入""注释""Performance""参数化""视图""管理""输出""附加模块""A360""三维工具""可视化""BIM360"和"精选应用"14 个选项卡，在这些选项卡的面板中单击任意按钮即可执行相应的图形绘制或编辑操作。

2.4 使用 AutoCAD 的坐标系

在绘图过程中常常需要使用某个坐标系作为参照，用拾取点的位置来精确定位某个对象。AutoCAD 提供的坐标系可以用来准确地设计并绘制图形。

2.4.1 认识世界坐标系与用户坐标系

在 AutoCAD 2016 中，坐标系分为世界坐标系（WCS）和用户坐标系（UCS）。这两种坐标系均可通过坐标（X，Y）精确定位点。

默认情况下，在开始绘制新图形时，当前坐标系为世界坐标系即 WCS，其包括 X 轴和 Y 轴（如果在三维空间工作，还有一个 Z 轴）。WCS 坐标轴的交汇处会显示"□"形标记，但坐标原点并不在坐标系的交汇点，而位于图形窗口的左下角，所有的位移都是相对于原点计算的，并且沿 X 轴正向及 Y 轴正向的位移规定为正方向。

在 AutoCAD 中，为了能够更好地辅助绘图，经常需要修改坐标系的原点和方向，此时世界坐标系将变为用户坐标系即 UCS。UCS 的原点以及 X 轴、Y 轴、Z 轴方向都可以移动及旋转，甚至可以依赖于图形中某个特定的对象。尽管用户坐标系中 3 个轴之间仍然互相垂直，但是在方向及位置上更灵活。另外，UCS 没有"□"形标记。

若要设置 UCS 坐标系，可在菜单栏中选择"工具"菜单中的"命名 UCS"和"新建 UCS"命令及其子命令。

2.4.2　坐标的表示方法

在 AutoCAD 中，点的坐标可以使用绝对直角坐标、绝对极坐标、相对直角坐标和相对极坐标 4 种方法表示，其特点如下。

• 绝对直角坐标：从点（0，0）或（0，0，0）出发的位移，可以使用分数、小数或科学记数等形式表示点的 X、Y、Z 坐标值，坐标间用逗号隔开，如点（8.3，5.8）和（3.0，5.2，8.8）等。

• 绝对极坐标：是从点（0，0）或（0，0，0）出发的位移，但给定的是距离和角度值，其中距离和角度用"<"分开，且规定 X 轴正向为 0°，Y 轴正向为 90°，如点（4.27<60）和（34<30）等。

• 相对直角坐标和相对极坐标：相对坐标是指相对于某一点的 X 轴和 Y 轴位移，或距离和角度。表示方法是在绝对坐标表达方式前加上"@"号，例如（@−13，8）和（@11<24）。其中，相对极坐标中的角度是新点和上一点连线与 X 轴的夹角。

【例 2-1】在 AutoCAD 中使用 4 种坐标方法来创建如图 2-1 所示的三角形。

（1）使用绝对直角坐标。在"功能区"选项板中选择"默认"选项卡，在"绘图"选项区域中单击"直线"按钮，或在命令行中输入 LINE 命令。

• 在"指定第一点："提示下输入点 O 的直角坐标（0，0）。

• 在"指定下一点或［放弃（U）］："提示下输入点 A 的直角坐标（53.17，93.04）。

• 在"指定下一点或［放弃（U）］："提示下输入点 B 的直角坐标（211.3，155.86）。

• 在"指定下一点或［闭合［C］/放弃（U）］："提示下输入 C，然后按回车键，即可创建封闭的三角形，如图 2-1 所示。

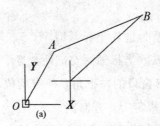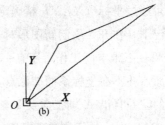

图 2-1   使用绝对直角坐标创建三角形

（2）使用绝对极坐标。在"功能区"选项板中选择"默认"选项卡，在"绘图"选项区域中单击"直线"按钮，或在命令行中输入 LINE 命令。

- 在"指定第一点："提示下输入点 O 的极坐标（0<0）。
- 在"指定下一点或［放弃（U）］："提示下输入点 A 的极坐标（106.35<60）。
- 在"指定下一点或［放弃（U）］："提示下输入点 B 的极坐标（262.57<36）。
- 在"指定下一点或［闭合［C］/放弃（U）］："提示下输入 C，然后按回车键，即可创建封闭的三角形，如图 2-1 所示。

（3）使用相对直角坐标。在"功能区"选项板中选择"默认"选项卡，在"绘图"选项区域中单击"直线"按钮，或在命令行中输入 LINE 命令。

- 在"指定第一点："提示下输入点 O 的直角坐标（0，0）。
- 在"指定下一点或［放弃（U）］："提示下输入点 A 的相对直角坐标（@53.17，93.04）。
- 在"指定下一点或［放弃（U）］："提示下输入点 B 的相对直角坐标（@158.13，63.77）。
- 在"指定下一点或［闭合［C］/放弃（U）］："提示下输入 C，然后按回车键，即可创建封闭的三角形，如图 2-1 所示。

（4）使用相对极坐标。在"功能区"选项板中选择"默认"选项卡，在"绘图"选项区域中单击"直线"按钮，或在命令行中输入 LINE 命令。

- 在"指定第一点："提示下输入点 O 的极坐标（0<0）。
- 在"指定下一点或［放弃（U）］："提示下输入点 A 的相对极坐标（@106.35<60）。
- 在"指定下一点或［放弃（U）］："提示下输入点 B 的相对极坐标（@170.5，22）。
- 在"指定下一点或［闭合［C］/放弃（U）］："提示下输入 C，然后按回车键，即可创建封闭的三角形，如图 2-1 所示。

2.4.3   控制坐标的显示

在绘图窗口中移动光标的十字指针时，状态栏上将动态地显示当前指针的坐标。AutoCAD 中，坐标显示取决于所选择的模式和程序中运行的命令，共有 4 种显示模式。

在实际绘图过程中，可以根据需要随时按下 F6 键、Ctrl＋D 组合键，单击状态栏的坐标显示区域或者右击坐标显示区域并选择相应的命令，便可在多种显示方式之间进行切换。

提示：当选择"关"时，坐标显示呈现灰色，表示坐标显示是关闭的，但是上一个拾取点的坐标仍然是可读的。若是一个空的命令提示符或一个不接收距离及角度输入的提示符，就只能在"关"和"绝对"之间切换。若是一个接收距离及角度输入的提示符，便可以在所有模式间循环切换。

2.4.4　创建与显示用户坐标系

在 AutoCAD 2016 中，用户可以很方便地创建和命名用户坐标系。

1. 创建用户坐标系

在 AutoCAD 2016 的菜单栏中选择"工具"→"新建 UCS"命令的子命令，即可方便地创建 UCS，其具体含义如下。

• "世界"命令：从用户坐标系恢复到世界坐标系。WCS 是所有用户坐标系的基准，不能被重新定义。

• "上一个"命令：从当前的坐标系恢复到上一个坐标系。

• "面"命令：将 UCS 与实体对象的选定面对齐。若要选择一个面，可单击该面边界内或面的边界，被选中的面将亮显，UCS 的 X 轴将与找到的第一个面上的最近的边对齐。

• "视图"命令：以垂直于观察方向（平行于屏幕）的平面为 XY 平面，建立新的坐标系，UCS 原点保持不变。常用于注释当前视图时使文字以平面方式显示。

• "原点"命令：通过移动当前 UCS 的原点，保持其 X 轴、Y 轴和 Z 轴方向不变，从而定义新的 UCS。也可以在任何高度建立坐标系，如果没有给原点指定 Z 轴坐标值，系统将使用当前标高。

• "对象"命令：根据选取的对象快速简单地建立 UCS，使对象位于新的 XY 平面，其中 X 轴和 Y 轴的方向取决于选择的对象类型。该选项不能用于三维实体、三维多段线、三维网格、视口、多线、面域、样条曲线、椭圆、射线、参照线、引线和多行文字等对象。对于非三维面的对象，新 UCS 的 XY 平面与绘制该对象时生效的 XY 平面平行，但 X 轴和 Y 轴可做不同的旋转。通过选择对象来定义 UCS 的方法，见表 2-1。

表 2-1　点样式与对应的 PDMODE 变量值

对象类型	UCS 定义方法
圆弧	圆弧的圆心成为新 UCS 的原点，X 轴通过距离选择点最近的圆弧端点
圆	圆的圆心成为新 UCS 的原点，X 轴通过选择点
标注	标注文字的中点成为新 UCS 的原点，新 X 轴的方向平行于绘制该标注时生效的 UCS 的 X 轴

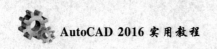
对象类型	UCS 定义方法
直线	离选择点最近的端点成为新 UCS 的原点，AutoCAD 选择新的 X 轴使该直线位于新 UCS 的 XZ 平面中，该直线的第 2 个端点在新坐标系中 Y 坐标为 0
点	成为新 UCS 的原点
二维多段线	多段线的起点成为新 UCS 的原点，X 轴沿从起点到下一顶点的线段延伸
实体	二维填充的第 1 点确定新 UCS 的原点，新 X 轴沿前两点之间的连线方向
多线	多线的起点成为新 UCS 的原点，X 轴沿多线的中心线方向
三维面	取第 1 点作为新 UCS 的原点，X 轴沿前两点的连线方向，Y 轴的正方向取自第 1 点和第 4 点，Z 轴由右手定则确定
文字、块参照、属性定义	该对象的插入点成为新 UCS 的原点，新 X 轴由对象绕其拉伸方向旋转定义，用于建立新 UCS 的对象在新 UCS 中的旋转角度为 0

• "Z 轴矢量"命令：使用特定的 Z 轴正半轴定义 UCS。需要选择两点，第一点作为新的坐标系原点，第二点决定 Z 轴的正向，XY 平面垂直于新的 Z 轴。

• "三点"命令：通过在三维空间的任意位置指定 3 点，确定新 UCS 的原点及其 X 轴和 Y 轴的正方向，Z 轴由右手定则确定。其中第 1 点定义了坐标系原点，第 2 点定义了 X 轴的正方向，第 3 点定义了 Y 轴的正方向。

• "X"/"Y"/"Z"命令：旋转当前的 UCS 轴来建立新的 UCS。在命令行提示信息中输入正或负的角度以旋转 UCS，用右手定则来确定绕该轴旋转的正方向。

2. 命名用户坐标系

在菜单栏中选择"工具"→"命名 UCS"命令，打开"UCS"对话框，选择"命名 UCS"选项卡，在"当前 UCS"列表中选择"世界""上一个"或某个 UCS 选项，然后单击"置为当前"按钮，即可将其置为当前坐标系，此时在该 UCS 前面将显示"▶"标记。也可以单击"详细信息"按钮，在"UCS 详细信息"对话框中查看坐标系的详细信息。

此外，在"当前 UCS"列表中的坐标系选项上右击将弹出一个快捷菜单，用户可以重命名坐标系、删除或将坐标系置为当前。

3. 使用正交用户坐标系

在 UCS 对话框中，选择"正交 UCS"选项卡，然后在"当前 UCS"列表中选择需要使用的正交坐标系，如俯视、仰视、左视、右视、主视和后视等。"深度"表示正交 UCS 的 XY 平面与通过坐标系统变量指定的坐标系统原点平行平面之间的距离。

4. 设置 UCS 的其他选项

使用 UCS 对话框中的"设置"选项卡可以进行 UCS 图标设置和 UCS 设置，其中各选项的含义如下。

- "开"复选框：指定显示当前视口的 UCS 图标。
- "显示于 UCS 原点"复选框：在当前视口坐标系的原点处显示 UCS 图标。如果不选中此选项，则在视口的左下角显示 UCS 图标。
- "应用到所有活动视口"复选框：用于指定将 UCS 图标设置应用到当前图形中的所有活动视口。
- "UCS 与视口一起保存"复选框：指定将坐标系设置与视口一起保存。
- "修改 UCS 时更新平面视图"复选框：指定当修改视口中的坐标系时，更新平面视图。

本章习题

以样板文件 acadiso.dwt 绘制一幅新图形，并对其进行如下设置。

- 绘图界限：将绘图界限设为横装 A3 图幅（尺寸：420 mm×297 mm），并使所设绘图界限有效。
- 绘图单位：将长度单位设为小数，精度为小数点后 1 位；将角度单位设为十进制度数，精度为小数点后 1 位；其余保持默认设置。
- 保存图形：将图形以文件名 A3 保存。

第3章 控制图形显示

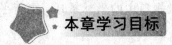 **本章学习目标**

· 掌握 AutoCAD 2016 图形的重生成方法。
· 熟练视图的缩放、平移。
· 掌握命名视图和平铺视口的使用方法。

3.1 重画与重生成图形

AutoCAD 的图形显示控制功能在工程设计和绘图领域的应用极其广泛。控制图形的显示是设计人员必须要掌握的技术。在二维图形中，经常用到三视图，即主视图、侧视图和俯视图，同时有的还用到轴测图。在三维图形中，图形的显示控制就显得更加重要。

在绘图和编辑过程中，屏幕上常常会留下对象的拾取标记，这些临时标记不是图形中的对象，有时会使当前图形画面显得混乱，这时就可以使用 AutoCAD 的重画与重生成图形功能清除这些临时标记。

3.1.1 重画图形

在 AutoCAD 绘图过程中，屏幕上会出现一些杂乱的标记符号，这是在删除操作拾取对象时留下的临时标记。这些标记实际上是不存在的，只是残留的重叠图像，因为 Auto-CAD 使用背景色重画被删除的对象所在的区域遗漏了一些区域。这时就可以使用"重画"命令来更新屏幕，消除临时标记。

在快速访问工具栏中选择"显示菜单栏"命令，然后在弹出的菜单中选择"视图"→"重画"命令（REDRAWALL），可以更新当前的视图区。

3.1.2 重生成图形

重生成与重画在本质上不同，在 AutoCAD 中使用"重生成"命令可以重生成屏幕，此时系统从磁盘中调用当前图形的数据，比"重画"命令执行速度慢，更新屏幕花费的时间较长。在 AutoCAD 中，某些操作只有在使用"重生成"命令后才生效，例如改变点的格式。如果一直使用某个命令修改编辑图形，但该图形似乎看不出什么变化，可以使用"重生成"命令更新屏幕显示。

"重生成"命令有以下两种执行方法。

· 在快速访问工具栏中选择"显示菜单栏"命令，在弹出的菜单中选择"视图"→"重生成"命令（REGEN），可以更新当前视图区。

· 在快速访问工具栏中选择"显示菜单栏"命令，在弹出的菜单中选择"视图"→"全部重生成"命令（REGENALL），可以同时更新多重视口。

3.2　缩放视图

在 AutoCAD 中按一定比例观察位置和角度显示的图形称为视图。用户可以通过缩放视图来观察图形对象。缩放视图可以增加或减少图形对象的屏幕显示尺寸，但对象的真实尺寸保持不变。通过改变显示区域和图形对象的大小可以更准确、更详细地进行绘图。

3.2.1　"缩放"菜单和工具按钮

在 AutoCAD 2016 的快速访问工具栏中选择"显示菜单栏"命令，在弹出的菜单中选择"视图"→"缩放"命令中的子命令或在命令行中执行 ZOOM 命令，均可以缩放视图。

在绘制图形的局部细节时，需要使用缩放工具放大绘图区域，当绘制完成后，再使用缩放工具缩小图形来观察图形的整体效果。

3.2.2　实时缩放视图

在快速访问工具栏中选择"显示菜单栏"命令，在弹出的菜单中选择"视图"→"缩放"→"实时"命令，进入实时缩放模式，此时鼠标光标指针呈 Q 形状。若用户向上拖动光标，可以放大整个图形；向下拖动光标，则可以缩小整个图形，如图 3-1 所示，释放鼠标后停止缩放。

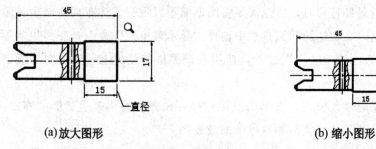

(a)放大图形　　　　　　　　　　　(b) 缩小图形

图 3-1　实时缩放视图

3.2.3 窗口缩放视图

在快速访问工具栏中选择"显示菜单栏"命令，在弹出的菜单中选择"视图"→"缩放"命令，可以在屏幕上拾取两个对角点以确定一个矩形窗口，系统将矩形范围内的图形放大至整个屏幕。

在使用窗口缩放时，若系统变量 REGENAUTO 设置为关闭状态，则与当前显示设置的界限相比，拾取区域显得过小，系统将提示重新生成图形，并询问用户是否继续，此时应回答 No，并重新选择较大的窗口区域。

3.2.4 动态缩放视图

在快速访问工具栏中选择"显示菜单栏"命令，在弹出的菜单中选择"视图"→"缩放"→"动态"命令，可以动态缩放视图。当进入动态缩放模式时，屏幕中将显示一个带"×"的矩形方框。单击鼠标左键，此时选择窗口中心的"×"消失，显示一个位于右边框的方向箭头，拖动鼠标可以改变选择窗口的大小，以确定选择区域，最后按回车键，即可缩放图形。

【例 3-1】放大图 3-1 所示图形中的填充图案。

(1) 在快速访问工具栏中选择"显示菜单栏"命令，在弹出的菜单中选择"视图"→"缩放"→"动态"命令，此时，在绘图窗口中将显示图形范围。

(2) 当视图框包含一个"×"时，在屏幕上拖动视图框以平移到不同的区域。

(3) 要缩放到不同的大小，可单击鼠标左键，这时视图框中的"×"将变成一个箭头。左右移动指针调整视图框大小，上下移动光标可以调整视图框位置。如果视图框较大，则显示出的图像较小；如果视图框较小，则显示出的图像较大。

(4) 图形调整完毕后，再次单击鼠标左键。如果当前视图框指定的区域正是用户要查看的区域，按下回车键确认，则视图框所包围的图像就成为当前视图。

3.2.5 显示上一个视图

在图形中进行局部特写时，可能需要将图形缩小以观察总体布局，然后又希望重新显示前面的视图。这时在快速访问工具栏中选择"显示菜单栏"命令，在弹出的菜单中选择"视图"→"缩放"→"上一个"命令，使用系统提供的显示上一个视图功能，快速回到上一个视图。

如果正处于实时缩放模式，则单击鼠标右键，在弹出的菜单中选择"缩放为原窗口"命令，即可回到最初的使用实时缩放过的缩放视图。

3.2.6 按比例缩放视图

在快速访问工具栏中选择"显示菜单栏"命令，在弹出的菜单中选择"视图"→"缩放"→"比例"命令，可以按一定的比例来缩放视图，此时命令行将显示如下所示的提示信息。

ZOOM 输入比例因子（nX 或 nXP）：

在以上命令的提示下，可以通过以下 3 种方法来指定缩放比例。

• 相对图形界限：输入一个不带任何后缀的比例值作为缩放的比例因子，该比例因子适用于整个图形。输入 1 时可以在绘图区域中以上一个视图的中点为中心点来显示尽可能大的图形界限。要放大或缩小，只需输入一个大一点或小一点的数字。例如，输入 2 表示以完全尺寸的两倍显示图像；输入 0.5 则表示以完全尺寸的一半显示图像。

• 相对当前视图：要相对当前视图按比例缩放视图，只需在输入的比例值后加 X。例如，输入 2X，以两倍的尺寸显示当前视图；输入 0.5X，则以一半的尺寸显示当前视图；而输入 1X 则没有变化。

• 相对图纸空间单位：当工作在布局中时，要相对图纸空间单位按比例缩放视图，只需在输入的比例值后加上 XP，它指定了相对当前图纸空间按比例缩放视图，并且它还可以在打印前缩放视口。

3.2.7 设置视图中心点

在快速访问工具栏中选择"显示菜单栏"命令，在弹出的菜单中选择"视图"→"缩放"→"中心点"命令，在图形中指定一点，然后指定一个缩放比例因子或者指定高度值来显示一个新视图，而选择的点将作为该新视图的中心点。如果输入的数值比默认值小，则会放大图形。如果输入的数值比默认值大，则会缩小图形。

要指定相对的显示比例，可输入带 X 的比例因子数值。例如，输入 2X 将显示比当前视图大两倍的视图。如果正在使用浮动视口，则可以输入 XP 来相对于图纸空间进行比例缩放。

3.2.8 其他缩放命令

选择"视图"→"缩放"命令后，在弹出的子菜单中还包括以下几个命令，其各自的功能说明如下。

• "对象"命令：显示图形文件中的某部分，选择该模式后，单击图形中的某个部分，该部分将显示在整个图形窗口中。

• "放大"命令：选择该命令一次，系统将整个视图放大 1 倍，其默认比例因子为 2。

• "缩小"命令：选择该命令一次，系统将整个图形缩小为原来的一半，其默认比例因子为 0.5。

• "全部"命令：显示整个图形中所有对象。在平面视图中，它以图形界限或当前图形范围为显示边界，在具体情况下，范围最大的将作为显示边界。如果图形延伸到图形界限以外，仍将显示图形中的所有对象，此时的显示边界是图形范围。

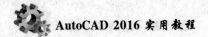

• "范围"命令：在屏幕上尽可能大地显示所有图形对象。该命令与全部缩放模式不同的是，范围缩放使用的显示边界只是图形范围而不是图形界限。

3.3 平移视图

通过平移视图，可以重新定位图形，以便清楚地观察图形的其他部分。在菜单栏中选择"视图"→"平移"命令（PAN）中的子命令，不仅可以向左、右、上、下 4 个方向平移视图，还可以使用"实时"和"点"命令平移视图。

3.3.1 实时平移

在快速访问工具栏中选择"显示菜单栏"命令，在弹出的菜单中选中"视图"→"平移"→"实时平移"命令，鼠标光标指针将变成形状。按住鼠标左键拖动，窗口内的图形就可以按照移动的方向移动，释放鼠标，可返回到平移等待状态；按下 Esc 或回车键则退出实时平移模式。

3.3.2 定点平移

在快速访问工具栏中选择"显示菜单栏"命令，在弹出的菜单中选择"视图"→"平移"→"点"命令，通过指定基点和位移值来平移视图。

3.4 使用命名视图

在一张工程图纸上可以创建多个视图。当查看、修改图纸上的某一部分视图时，只要将该视图恢复出来即可。

3.4.1 命名视图

在菜单栏中选择"视图"→"命名视图"命令（VIEW），打开"视图管理器"对话框。使用该对话框可以创建、设置、重命名以及删除命名视图。

"视图管理器"对话框中主要选项的功能说明如下。

• "查看"列表框：列出了已命名的视图和可作为当前视图的类别，例如可选择正交视图和等轴测视图作为当前视图。

• "信息"选项区域：显示指定命名视图的详细信息，包括视图名称、分类、UCS 及透视模式等。

• "置为当前"按钮：将选中的命名视图设置为当前视图。

• "新建"按钮：创建新的命名视图。单击该按钮，打开"新建视图/快照特性"对话框。可以在"视图名称"文本框中设置视图名称；在"视图类别"下拉列表框中为命名视图选择或输入一个类别；在"边界"选项区域中通过选中"当前显示"或"定义窗口"单选按钮来创建视图的边界区域；在"设置"选项区域中，可以设置是否"将图层快照与视图一起保存"；在"UCS"下拉列表框中设置命名视图的 UCS；在"背景"选项区域中，可以选择新的背景来替代默认的背景，且可以预览效果。

• "更新图层"按钮：单击该按钮，可以使用选中的命名视图中保存的图层信息更新当前模型空间或布局视图中的图层信息。

• "编辑边界"按钮：单击该按钮，切换到绘图窗口中，可以重新定义视图的边界。

3.4.2 恢复命名视图

在 AutoCAD 2016 中，可以一次命名多个视图，当需要重新使用一个已命名视图时，只需将该视图恢复至当前视口。如果绘图窗口中包含多个视口，可以将视图恢复至活动视口中，或将不同的视图恢复到不同的视口中，同时显示模型的多个视图。

恢复视图时可以恢复视口的中点、查看方向、缩放比例因子和透视图（镜头长度）等设置，如果在命名视图时将当前的 UCS 随视图一起保存起来，则当恢复视图时也可以恢复 UCS。

【例 3-2】在如图 3-1 所示图形中创建一个命名视图，并在当前视口中恢复命名视图。

（1）在快速访问工具栏中选择"显示菜单栏"命令，在弹出的菜单中选择"视图"→"命名视图"命令，打开"视图管理器"对话框，然后在该对话框中单击"新建"按钮。

（2）在打开的"新建视图"对话框中的"视图名称"文本框中输入"新命名视图"，然后单击"确定"按钮。创建一个名称为"新命名视图"的视图，显示在"视图管理器"对话框的"模型视图"选项节点中。

（3）在快速访问工具栏中选择"显示菜单栏"命令，在弹出的菜单中选择"视图"→"视口"→"三个视口"命令，将视图分割成 3 个视口，此时右边的视口被设置为当前视口。

（4）在快速访问工具栏中选择"显示菜单栏"命令，在弹出的菜单中选择"视图"→"命名视图"命令，打开"视图管理器"对话框，展开"模型视图"节点，选择已命名的视图"新命名视图"，单击"置为当前"按钮，然后单击"确定"按钮，将其设置为当前视图。

3.5　使用平铺视口

在 AutoCAD 2016 中，为了便于编辑图形，通常需要将图形的局部进行放大，以显示其细节。当需要观察图形的整体效果时，仅使用单一的绘图视口已无法满足需要，此时可

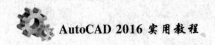

使用 AutoCAD 的平铺视口功能，将绘图窗口划分为若干视口。

3.5.1 平铺视口的特点

平铺视口是指把绘图窗口分成多个矩形区域，从而创建多个不同的绘图区域，其中每一个区域都可用来查看图形的不同部分。在 AutoCAD 2016 中，可以同时打开 32 000 个视口，屏幕上还可保留菜单栏和命令提示窗口。

在 AutoCAD 2016 的菜单栏中选择"视图"→"视口"子菜单中的命令，或在"功能区"选项板中选择"视图"选项卡，在"模型视口"面板中单击"视口配置"下拉列表按钮，在弹出的下拉列表中选择相应的按钮，都可以在模型空间创建和管理平铺视口。

在 AutoCAD 中，平铺视口具有以下几个特点。

• 每个视口都可以平移和缩放，设置捕捉、栅格和用户坐标系等，且每个视口都有独立的坐标系统。

• 在命令执行期间，可以切换视口以便在不同的视口中绘图。

• 可以命名视口的配置，以便在模型空间中恢复视口或者应用到布局。

• 只能在当前视口里工作。要将某个视口设置为当前视口，只需单击视口的任意位置，此时当前视口的边框将加粗显示。

• 只有在当前视口中指针才能显示为十字形状，指针移出当前视口后就变为箭头形状。

• 当在平铺视口中工作时，可全局控制所有视口中图层的可见性。如果在某一个视口中关闭了某一个图层，系统将关闭所有视口中的相应图层。

3.5.2 创建平铺视口

在菜单栏中选择"视图"→"视口"→"新建视口"命令（CPOINTS），打开"视口"对话框。通过使用"新建视口"选项卡，可以显示"标准视口"配置列表，创建及设置新的平铺视口。

在创建多个平铺视口时，需要在"新名称"文本框中输入新建的平铺视口的名称，在"标准视口"列表框中选择可用的标准视口配置，此时"预览"区域中将显示所选视口配置以及已赋予每个视口的默认视图的预览图像。此外，还需要设置以下选项。

• "应用于"下拉列表框：设置所选的视口配置是用于整个显示屏幕还是当前视口，包括"显示"和"当前视口"两个选项。其中"显示"选项用于将所选的视口配置用于模型空间中的整个显示区域，为默认选项；"当前视口"选项用于将所选的视口配置用于当前视口。

• "设置"下拉列表框：指定二维或三维设置。如果选择二维选项，则使用视口中的当前视图来初始化视口配置；如果选择三维选项，则使用正交的视图来配置视口。

• "修改视图"下拉列表框：选择一个视口配置代替已选择的视口配置。

- "视觉样式"下拉列表框：可以从中选择一种视觉样式代替当前的视觉样式。

在"视口"对话框中，通过使用"命名视口"选项卡，可以显示图形中已命名的视口配置。在选择一个视口配置后，配置的布局情况将显示在预览窗口中。

3.5.3　分割与合并视口

在 AutoCAD 2016 的菜单栏中选择"视图"→"视口"子菜单中的命令，可以在不改变视口显示的情况下，分割或合并当前视口。例如，选择"视图"→"视口"→"一个视口"命令，可以将当前视口扩大到充满整个绘图窗口；选择"视图"→"视口"→"两个视口"、"三个视口"或"四个视口"命令，则可以将当前视口分割为 2 个、3 个或 4 个视口，将绘图窗口分割为 4 个视口后，选择"视图"→"视口"→"合并"命令，系统要求选定一个视口作为主视口，然后再选择一个相邻视口就可将该视口与主视口合并。

本章习题

1. 如何缩放一幅图形，使之能够最大限度地充满当前视口？
2. 在 AutoCAD 2016 中，如何使用"动态"缩放法缩放图形？

第4章 设置对象特性

 **本章学习目标**

- 了解对象特性。
- 掌握对象显示特性的控制方法。
- 熟练掌握图层的使用和管理。

4.1 对象特性概述

在 AutoCAD 中，绘制的每个对象都有特性，有的特性是基本特性，适用于大多数对象，例如图层、颜色、线型和打印样式等；有的特性是专用于某个对象的特性，例如圆的特性（包括半径和面积）。

4.1.1 显示和修改对象特征

在 AutoCAD 中，用户可以使用多种方法来显示和修改对象特性。

- 在快速访问工具栏中选择"显示菜单栏"命令，在弹出的菜单中选择"工具"→"选项板"→"特性"命令，打开"特性"选项板，可以查看和修改对象的所有特性的设置。
- 在"功能区"选项板中选择"默认"选项卡，在"图层"和"特性"面板中可以查看和修改对象的颜色、线型和线宽等特性。
- 在命令行中输入 LIST，并选择对象，将打开文本窗口显示对象的特性。
- 在命令行中输入 ID，并单击某个位置，即可在命令行中显示该位置的坐标值。

4.1.2 在对象之间复制特性

在 AutoCAD 中，可以将一个对象的某些或所有特性复制到其他对象上。可以复制的特性类型包括颜色、图层、线型、线型比例、线宽、厚度、打印样式、标注、文字、填充图案、视口、多段线、表格材质、阴影显示和多重引线等。

具体操作为：在快速访问工具栏中选择"显示菜单栏"命令，在弹出的菜单中选择

"修改"→"特性匹配"命令，并选择要复制特征的对象。

默认情况下，所有可应用的特性都自动地从选定的第一个对象复制到目标对象。如果不希望复制特定的特性，可以在命令行输入 S，打开"特性设置"对话框，取消选择禁止复制的特性即可。

4.2　控制对象的显示特性

在 AutoCAD 中，用户可以对重叠对象和其他某些对象的显示和打印进行控制，从而提高系统的性能。

4.2.1　打开或关闭可见元素

当宽多段线、实体填充多边形（二维填充）、图案填充、渐变填充和文字以简化格式显示时，显示性能和创建测试打印的速度都将得到提高。

1. 打开或关闭填充

使用 FILL 变量可以打开或关闭宽线、宽多段线和实体填充，如图 4-1 所示。当关闭填充模式时，可以提高 AutoCAD 的显示处理速度。

(a)打开填充模式 Fill=ON　　　　　　(b)关闭填充模式 Fill=OFF

图 4-1　打开与关闭填充模式时的效果

当实体填充模式关闭时，填充不可打印。但是，改变填充模式的设置并不影响显示具有线宽的对象。当修改了实体填充模式后，在快速访问工具栏中选择"显示菜单栏"命令，在弹出的菜单中选择"视图"→"重生成"命令可以查看效果且新对象将自动反映新的设置。

2. 打开或关闭线宽显示

当在模型空间或图纸空间中工作时，为了提高 AutoCAD 的显示处理速度，可以关闭线宽显示。单击状态栏上的"线宽"按钮或使用"线宽设置"对话框，可以切换显示的开关。线宽以实际尺寸打印，但在模型选项卡中与像素成比例显示，任何线宽如果超过了一个像素就有可能降低 AutoCAD 的显示处理速度。要使 AutoCAD 的显示性能最优，在图形中工作时应该把线宽显示关闭。图 4-2 所示为图形在线宽打开和关闭模式下的显示效果。

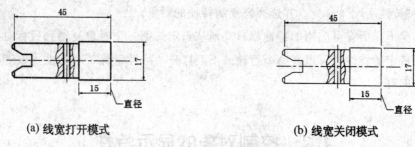

(a) 线宽打开模式   (b) 线宽关闭模式

图 4-2　线宽打开和关闭模式下的显示效果

3. 打开或关闭文字快速显示

在 AutoCAD 中，可以通过设置系统变量 QTEXT 打开"快速文字"模式或关闭文字的显示。"快速文字"模式打开时，只显示定义文字的框架，如图 4-3 所示。

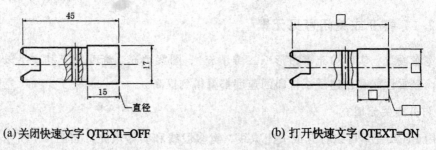

(a) 关闭快速文字 QTEXT=OFF   (b) 打开快速文字 QTEXT=ON

图 4-3　打开或关闭文字快速显示

与填充模式一样，关闭文字显示可以提高 AutoCAD 的显示处理速度。打印快速文字时，只打印文字框而不打印文字。无论何时修改快速文字模式，都可以在快速访问工具栏中选择"显示菜单"命令，在弹出的菜单中选择"视图"→"重生成"命令，查看现有文字上的改动效果，且新的文字将自动反映新的设置。

4.2.2　控制重叠对象的显示

通常情况下，重叠对象（例如文字、宽多段线和实体填充多边形）按其创建的次序显示：新创建的对象在现有对象的前面。要改变对象的绘图次序，可以在快速访问工具栏中选择"显示菜单栏"命令，在弹出的菜单中选择"工具"→"绘图次序"命令（DRAWORDER）中的子命令，并选择需要改变次序的对象，此时命令行显示如下信息：

输入对象排序选项 ［对象上（A）/对象下（U）/最前（F）/最后（B）］＜最后＞：

该命令行提示各选项的含义如下。

"对象上"选项：将选定的对象移动到指定参照对象的上面。

"对象下"选项：将选定的对象移动到指定参照对象的下面。

"最前"选项：将选定的对象移动到图形中对象顺序的顶部。

"最后"选项：将选定的对象移动到图形中对象顺序的底部。

更改多个对象的绘图顺序（显示顺序和打印顺序）时，将保持选定对象之间的相对绘图顺序不变。默认情况下，从现有对象创建新对象（例如，使用 FILLET 或 PEDIT 命令）

时，将为新对象指定首先选定的原始对象的绘图顺序；编辑对象（例如，使用 MOVE 或 STRETCH 命令）时，该对象将显示在图形中所有其他对象的前面。完成编辑后，将重生成部分图形，根据对象的正确绘图顺序显示对象。

4.3 使用与管理图层

在 AutoCAD 中，图形中通常包含多个图层，每个图层都表明了一种图形对象的特性，其中包括颜色、线型和线宽等属性；图形显示控制功能是设计人员必须掌握的技术。在绘图过程中，使用不同的图层和图形显示控制功能能够方便地控制对象的显示和编辑，从而提高绘图效率。

4.3.1 创建与设置图层

在一个复杂的图形中，有许多不同类型的图形对象，为了方便区分和管理，可以创建多个图层，将特性相似的对象绘制在同一个图层中。例如，将图形的所有尺寸标注绘制在标注图层中。

1. 图层的特点

在 AutoCAD 中，图层具有以下特点。

• 在一幅图形中可以指定任意数量的图层。系统对图层数没有限制，对每一图层中的对象数也没有限制。

• 为了加以区别，每个图层都有一个名称。当开始绘制新图时，AutoCAD 自动创建名为 0 的图层，这是 AutoCAD 的默认图层，其他图层则需要自定义。

• 一般情况下，同一图层中的对象应该具有相同的线型和颜色。用户可以改变各图层的线型、颜色和状态。

• AutoCAD 允许建立多个图层，但只能在当前图层中绘图。

• 各图层具有相同的坐标系、绘图界限及显示时的缩放倍数。用户可以对位于不同图层中的对象同时进行编辑操作。

• 可以对各图层进行打开、关闭、冻结、解冻、锁定与解锁等操作，以决定各图层的可见性与可操作性。

2. 创建新图层

默认情况下，图层 0 将被指定使用 7 号颜色（白色或黑色，由背景色决定）、Continuous 线型、"默认"线宽及 NORMAL，打印样式。在绘图过程中，如果需要更多的图层进行图形组织，就需要先创建新图层。

在菜单栏中选择"格式"→"图层"命令，或在"功能区"选项板中选择"默认"选项卡，然后在"图层"面板中单击"图层特性"按钮，打开"图层特性管理器"选项板。单击"新建图层"按钮，在图层列表中将出现一个名称为"图层 1"的新图层。默认情况下，新建图层与当前图层的状态、颜色、线型及线宽等设置相同；单击"在所有视口中都被冻结的新图层视口"按钮，也可以创建一个新图层，只是该图层在所有的视口中都被冻结了。

创建图层后，图层的名称将显示在图层列表框中，如果需要更改图层名称，单击该图层名，然后输入一个新的图层名并按回车键确认即可。

3. 设置图层的颜色

在图形中颜色具有非常重要的作用，可以用来表示不同的组件、功能和区域。图层的颜色实际上是图层中图形对象的颜色。每个图层都拥有自己的颜色，对不同的图层可以设置相同的颜色，也可以设置不同的颜色，绘制复杂图形时就可以很容易地区分图形的各部分。

新建图层后，若要改变图层的颜色，可在"图层特性管理器"选项板中单击图层的"颜色"列对应的图标，打开"选择颜色"对话框。

在"选择颜色"对话框中，可以使用"索引颜色""真彩色"和"配色系统"3 个选项卡为图层设置颜色，其各自的具体功能如下。

• "索引颜色"选项卡：可以使用 AutoCAD 颜色索引（ACI 颜色）。在 ACI 颜色表中，每一种颜色用一个 ACI 编号（1～255 之间的整数）标识。"索引颜色"选项卡是一张包含 255 种颜色的颜色表。

• "真彩色"选项卡：使用 24 位颜色定义显示 16 位色。指定真彩色时，可以使用 RGB 或 HSL 颜色模式。如果使用 RGB 颜色模式，则可以指定颜色的红、绿、蓝组合；如果使用 HSL 颜色模式，则可以指定颜色的色调、饱和度和亮度。在这两种颜色模式下，可以得到同一种颜色，只是组合颜色的方式不同。

• "配色系统"选项卡：使用标准 Pantone 配色系统设置图层的颜色。

4. 使用与管理线型

线型是指图形基本元素中线条的组成和显示方式，如虚线和实线等。在 AutoCAD 中既有简单线型，也有由一些特殊符号组成的复杂线型，以满足不同国家或行业标准的使用要求。

（1）设置图层线型。

在绘制图形时若要使用线型来区分图形元素，需要对线型进行设置。默认情况下，图层的线型为 Continuous。若要改变线型，可在图层列表中单击"线型"列的 Continuous，打开"选择线型"对话框，在"已加载的线型"列表框中选择一种线型即可将其应用到图层中。

（2）加载线型。

默认情况下，在"选择线型"对话框的"已加载的线型"列表框中只有 Continuous

一种线型，如果需要使用其他线型，必须将其添加到"已加载的线型"列表框中。单击"加载"按钮打开"加载或重载线型"对话框，从当前线型库中选择需要加载的线型，然后单击"确定"按钮即可加载更多的线型。

（3）设置线型比例。

在菜单栏中选择"格式"→"线型"命令，打开"线型管理器"对话框，即可设置图形中的线型比例，从而改变非连续线型的外观。

"线型管理器"对话框显示了当前使用的线型和可选择的其他线型。若在线型列表中选择了某一线型后，单击"显示细节"按钮，可以在"详细信息"选项区域中设置线型的"全局比例因子"和"当前对象缩放比例"。其中，"全局比例因子"用于设置图形中所有线型的比例；"当前对象缩放比例"用于设置当前选中线型的比例。

5. 设置图层线宽

线宽设置就是改变线条的宽度。在 AutoCAD 中，使用不同宽度的线条表示对象的大小或类型，可以提高图形的表达能力和可读性。

若要设置图层的线宽，可以在"图层特性管理器"选项板的"线宽"列中单击该图层对应的线宽，打开"线宽"对话框，其中包含 20 多种线宽可供选择。也可以在菜单栏中选择"格式"→"线宽"命令，打开"线宽设置"对话框，通过调整线宽比例，使图形中的线宽显示得更宽或更窄。

【例 4-1】创建图层"参考线层"，要求改图层颜色为"红"，线型为 ACAD_IS004W100，线宽为 0.30 mm。

（1）在菜单栏中选择"格式"→"图层"命令，打开"图层特性管理器"选项板。

（2）在"图层特性管理器"选项板中单击"新建图层"按钮，创建一个新图层，并在"名称"列对应的文本框中输入"参考线层"。

（3）在"图层特性管理器"选项板中单击"颜色"列的图标，打开"选择颜色"对话框，然后在标准颜色区中选中红色。此时，"颜色"文本框中将显示"红"，然后单击"确定"按钮。

（4）在"图层特性管理器"选项板中单击"线型"列上的 Continuous，打开"选择线型"对话框，单击"加载"按钮。

（5）打开"加载或重载线型"对话框，在"可用线型"列表框中选择线型 ACAD_IS004W100，然后单击"确定"按钮。

（6）返回"选择线型"对话框，在"选择线型"对话框的"已加载的线型"列表框中选择 ACDC_IS004W100，然后单击"确定"按钮。

（7）在"图层特性管理器"选项板中单击"线宽"列的线宽，打开"线宽"对话框，在"线宽"列表框中选择 0.30 mm，然后单击"确定"按钮，即可完成设置。

4.3.2 管理图层

在 AutoCAD 中，建立图层后，需要对其进行管理，包括图层的切换、重命名、删除及图层的显示控制等。

1. 设置图层特性

使用图层绘制图形时，新对象的各种特性将默认为随层，由当前图层的默认设置决定。也可以单独设置对象的特性，新设置的特性将覆盖原来随层的特性。在"图层特性管理器"选项板中，每个图层都包含有状态、名称、打开/关闭、冻结/解冻、锁定/解锁、线型、颜色、线宽和打印样式等特性。

在 AutoCAD 中，图层的各列属性可以显示或隐藏，右击图层列表的标题栏，在弹出的快捷菜单中选择或取消相应的命令即可。

• 状态：显示图层和过滤器的状态。其中，被删除的图层标识为★，当前图层标识为✓。

• 名称：即图层的名字，是图层的唯一标识。默认情况下，图层的名称按图层 0、图层 1、图层 2……的编号依次递增，用户可以根据需要为图层定义能够表达用途的名称。

• 开关状态：单击"开"列对应的小灯泡图标，可以打开或关闭图层。在开状态下，灯泡的颜色为黄色，图层中的图形可以显示，也可以在输出设备上打印；在关状态下，灯泡的颜色为灰色，图层中的图形不能显示，也不能打印输出。当关闭当前图层时，系统将打开一个消息对话框，警告当前图层正在关闭。

• 冻结：单击图层"冻结"列对应的太阳或雪花图标，可以冻结或解冻图层。图层被冻结时显示雪花图标，此时图层中的图形对象不能被显示、打印输出或编辑。图层被解冻时显示太阳图标，此时图层中的图形对象能够被显示、打印输出或编辑。

• 锁定：单击"锁定"列对应的关闭小锁或打开小锁图标，可以锁定或解锁图层。图层在锁定状态下并不影响图形对象的显示，但不能对该图层中已有图形对象进行编辑，却可以绘制新图形对象。此外，在锁定的图层中可以使用查询命令和对象捕捉功能。

• 颜色：单击"颜色"列对应的图标，可以打开"选择颜色"对话框来设置图层颜色。

• 线型：单击"线型"列显示的线型名称，可以打开"选择线型"对话框来选择所需要的线型。

• 线宽：单击"线宽"列显示的线宽值，可以打开"线宽"对话框来选择所需要的线宽。

• 打印样式：通过"打印样式"列确定各图层的打印样式，如果使用的是彩色绘图仪，则不能改变打印样式。

• 打印：单击"打印"列对应的打印机图标，可以设置图层是否被打印，在保持图形显示可见性不变的前提下控制图形的打印特性。打印功能只对没有冻结和关闭的图层起作用。

  • 说明：单击"说明"列两次，可以为图层或组过滤器添加必要的说明信息。

2. 置为当前层

在"图层特性管理器"选项板的图层列表中，选择某一图层后，单击"置为当前"按钮，或在"功能区"选项板中选择"默认"选项卡，在"图层"面板的"图层"下拉列表框中选择某一图层，即可将该层设置为当前层。

3. 保存与恢复图层状态

图层设置包括图层状态和图层特性。图层状态包括图层是否打开、冻结、锁定、打印和在新视口中自动冻结。图层特性包括颜色、线型、线宽和打印样式。用户可以选择需要保存的图层状态和图层特性。例如，可以选择只保存图形中图层的"冻结"或"解冻"设置，忽略所有其他设置；恢复图层状态时，除了设置每个图层的冻结或解冻，其他设置仍保持当前设置。

(1) 保存图层状态。

若要保存图层状态，可在"图层特性管理器"选项板的图层列表中右击需要保存的图层，在弹出的快捷菜单中选择"保存图层状态"命令，打开"要保存的新图层状态"对话框。在"新图层状态名"文本框中输入图层状态的名称，在"说明"文本框中输入相关的图层说明文字，然后单击"确定"按钮即可。

(2) 恢复图层状态。

如果改变了图层的显示等状态，还可以恢复以前保存的图层设置。在"图层特性管理器"选项板的图层列表中右击需要恢复的图层，然后在弹出的快捷菜单中选择"恢复图层状态"命令，打开"图层状态管理器"对话框，选择需要恢复的图层状态后，单击"恢复"按钮即可。

4. 转换图层

使用"图层转换器"可以转换图层，实现图形的标准化和规范化。"图层转换器"能够转换当前图形中的图层，使之与其他图形的图层结构或 CAD 标准文件相匹配。例如，如果打开一个与本单位图层结构不一致的图形时，可以使用"图层转换器"转换图层名称和属性，以达到符合图形标准。

在菜单栏中选择"工具"→"CAD 标准"→"图层转换器"命令，打开"图层转换器"对话框，主要选项的功能如下。

  • "转换自"选项区域：显示当前图形中即将被转换的图层结构，可以在列表框中选择，也可以通过"选择过滤器"选择。

  • "转换为"选项区域：显示可以将当前图形的图层转换为的图层名称。单击"加载"按钮，打开"选择图形文件"对话框，可以从中选择作为图层标准的图形文件，并将该图层结构显示在"转换为"列表框中。单击"新建"按钮，打开"新图层"对话框，可以从中创建新的图层作为转换匹配图层，新建的图层将会显示在"转换为"列表框中。

- "映射"按钮：可以将"转换自"列表框中选中的图层映射到"转换为"列表框中，并且当图层被映射后，将从"转换自"列表框中删除。
- "映射相同"按钮：可以将"转换自"列表框中和"转换为"列表框中名称相同的图层进行转换映射。
- "图层转换映射"选项区域：显示已经映射的图层名称和相关的特性值。当选中一个图层后，单击"编辑"按钮，打开"编辑图层"对话框，可以在该对话框中修改转换后的图层特性。单击"删除"按钮，可以取消该图层的转换映射，该图层将重新显示在"转换自"选项区域中。单击"保存"按钮，打开"保存图层映射"对话框，可以将图层转换关系保存到一个标准配置文件 ∗.dws 中。
- "设置"按钮：单击该按钮，打开"设置"对话框，可以设置图层的转换规则。
- "转换"按钮：单击该按钮，开始转换图层并关闭"图层转换"对话框。

5. 使用图层工具管理图层

在 AutoCAD 中，使用图层管理工具能够更加方便地管理图层。通过图层工具管理图层，可以在菜单栏中选择"格式"→"图层工具"命令中的子命令，还可以在"功能区"选项板中选择"默认"选项卡，然后在"图层"面板中单击相应的按钮。

"图层"面板中的各个按钮与"图层工具"子命令中的功能相互对应，各主要按钮的功能如下。

- "隔离"按钮：单击该按钮，可以将选定对象的图层进行隔离。
- "取消隔离"按钮：单击该按钮，恢复由"隔离"命令隔离的图层。
- "关"按钮：单击该按钮，将选定对象的图层关闭。
- "冻结"按钮：单击该按钮，将选定对象的图层冻结。
- "匹配图层"按钮：单击该按钮，将选定对象的图层更改为目标对象的图层。
- "上一个"按钮：单击该按钮，恢复上一个图层设置。
- "锁定"按钮：单击该按钮，锁定选定对象的图层。
- "解锁"按钮：单击该按钮，将选定对象的图层解锁。
- "打开所有图层"按钮：单击该按钮，打开图形中的所有图层。
- "解冻所有图层"按钮：单击该按钮，解冻图形中的所有图层。
- "更改为当前图层"按钮：单击该按钮，将选定对象的图层更改为当前图层。
- "将对象复制到新图层"按钮：单击该按钮，将一个或多个对象复制到其他图层。
- "图层漫游"按钮：单击该按钮，显示选定图层上的对象，并隐藏所有其他图层上的对象。
- "视口冻结当前视口以外的所有视口"按钮：单击该按钮，冻结除当前视口外的其他所有布局视口中的选定图层。
- "合并"按钮：单击该按钮，将选定图层合并为一个目标图层，从而将以前的图层从图形中删除。

· "删除"按钮：单击该按钮，删除图层上的所有对象并清理图层。

本章习题

1. 在 AutoCAD 2016 中，如何在对象之间复制特性？
2. 在 AutoCAD 2016 中，如何打开或关闭线宽的显示？
3. 在 AutoCAD 2016 中，如何控制重叠对象的显示？
4. 在 AutoCAD 2016 中，如何进行图形管理？

第5章 精确绘图工具

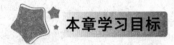本章学习目标

· 理解精确绘图工具。
· 掌握利用捕捉几何点工具精确定位图形的方法。

5.1 精确绘图工具概述

AutoCAD 为用户提供很多精确绘图工具，例如，栅格、捕捉、追踪等，通过这些工具不仅可以提高绘图的精确性，而且还能提高绘图的工作效率。

使用辅助定位功能可以使绘制的图形更加准确，并且可以更有效地提高绘图速度。辅助定位包括捕捉、栅格、极轴追踪、对象捕捉、动态输入和正交模式等。

5.1.1 捕捉和栅格

在绘图过程中，用户充分使用捕捉和栅格功能，可以更好地定位坐标位置，从而提高绘图质量和速度。

1. 捕捉

捕捉用于设置光标移动间距，调用该命令的方法有以下几种。

· 单击状态栏中的"捕捉模式"按钮。

· 按"F9"键。

· 在命令行中执行 SNAP 命令。

（1）使用命令设置捕捉功能。

在命令行中执行 SNAP 命令的具体操作过程如下。

命令：SNAP//执行 SNAP 命令

指定捕捉间距或［打开（ON）/关闭（OFF），纵横向间距（A）/传统（L）/样式（S）/类型（T）］<0.5000>：//输入捕捉间距或选择捕捉选项

在执行命令的过程中，各选项的含义如下。

- 开：选择该选项，可开启捕捉功能，按当前间距进行捕捉操作。
- 关：选择该选项，可关闭捕捉功能。
- 纵横向间距：选择该选项，可设置捕捉的纵向和横向间距。
- 传统（L）：选择该选项，确定是否保持始终捕捉到栅格的传统行为。
- 样式：选择该选项，可设置捕捉类型为标准的矩形捕捉模式或等轴测模式，等轴测模式可在二维空间中仿真三维视图。
- 类型：选择该选项，可设置捕捉类型是默认的直角坐标捕捉类型，还是极坐标捕捉类型。
- <0.5000>：表示默认捕捉间距为 0.5000，可在提示后输入一个新的捕捉间距。

（2）使用对话框设置捕捉功能。

若使用命令设置捕捉功能不能满足需要，可以通过对话框设置捕捉功能。

2. 栅格

栅格是由许多可见但不能打印的小点构成的网格。开启该功能后，在绘图区的某块区域中会显示一些小点，这些小点即为栅格。调用"栅格"命令的方法如下。

- 单击状态栏中的"栅格显示"按钮。

在执行命令的过程中，部分选项的含义如下。

- 开：选择该选项，将按当前间距显示栅格。
- 关：选择该选项，将关闭栅格显示。
- 捕捉：选择该选项，将栅格间距定义为与 SNAP 命令设置的当前光标移动的间距相同。
- 纵横向间距：选择该选项，将设置栅格的 X 向间距和 Y 向间距。在输入值后输入 X 可将栅格间距定义为捕捉间距的指定倍数，默认为 10 倍。
- <10.0000>：选择该选项，表示默认栅格间距为 10，可在提示后输入一个新的栅格间距。当栅格过于密集时，屏幕上不显示出栅格，对图形进行局部放大才能看到。

5.1.2　实例——使用对话框设置捕捉功能

下面讲解如何利用"草图设置"对话框设置捕捉功能。

Step01：启动 AutoCAD 2016，在状态栏的"捕捉模式"按钮上右击，在弹出的快捷菜单中选择"捕捉设置"命令。

Step02：弹出"草图设置"对话框，切换至"捕捉和栅格"选项卡，在"捕捉间距"选项组的"捕捉 X 轴间距"文本框中输入 X 坐标方向的捕捉间距；在"捕捉 Y 轴间距"文本框中输入 Y 坐标方向的捕捉间距；选择 **X 轴间距和 Y 轴间距相等 (X)** 复选框，可以使 X 轴和 Y 轴间距相等。

Step03：在"捕捉类型"选项组中可对捕捉的类型进行设置，一般保持默认设置。完

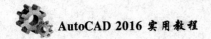

成设置后，单击"确定"按钮，此时，在绘图区中光标会自动捕捉到相应的栅格点上。

注意：

将"草图设置"对话框切换至"捕捉和栅格"选项卡，选择 ☑启用捕捉 (F9)(S) 复选框，表示开启捕捉模式，反之则关闭捕捉模式。

5.1.3　极轴追踪

使用极轴追踪的功能可以用指定的角度来绘制对象。用户在极轴追踪模式下确定目标点时，系统会在鼠标光标指针接近指定角度时显示临时的对齐路径，并自动在对齐路径上捕捉距离光标最近的点，同时给出该点的信息提示，用户可据此准确地确定目标点。调用该命令的方法如下。

- 单击状态栏中的"极轴追踪"按钮。
- 按"F10"键。

5.1.4　实例——设置极轴追踪参数

下面介绍如何设置极轴追踪参数。

Step01：启动 AutoCAD 2016，在状态栏的"极轴追踪"按钮上右击，在弹出的快捷菜单中选择"正在追踪设置"命令。

Step02：弹出"草图设置"对话框，切换至"极轴追踪"选项卡，选择 ☑启用极轴追踪 (F10)(P) 复选框，开启极轴追踪功能。

Step03：在"极轴角设置"选项组的"增量角"下拉列表中选择追踪角度，如选择45，表示以角度为45°或45°的整数倍进行追踪。选择 ☑附加角 (D) 复选框，然后单击"新建"按钮，可添加极轴追踪角度增量。

Step04：在"对象捕捉追踪设置"选项组中选择 ● 仅正交追踪 (L) 单选按钮，当极轴追踪角度增量为90°时，只能在水平和垂直方向建立临时捕捉追踪线；在"极轴角测量"选项组中选择 ● 绝对 (A) 单选按钮，单击"确定"按钮完成设置。

5.1.5　对象捕捉

在绘制图形时，使用对象捕捉功能可以准确地拾取直线的端点、两直线的交点、圆形的圆心等。开启对象捕捉功能的方法如下。

- 单击状态栏中的"对象捕捉"按钮。
- 按"F3"键。

在状态栏中的"对象捕捉"按钮上右击，然后选择快捷菜单中的"对象捕捉设置"命令，弹出"草图设置"对话框，切换至"对象捕捉"选项卡，在该对话框中可以增加或减少对象捕捉模式。

注意：

当选中"对象捕捉模式"选项组中需要捕捉的几何点后，在绘图时，光标靠近图形的几何点时将自动捕捉。

5.1.6　动态输入

动态输入包括指针输入和标注输入，开启动态输入功能的方法如下。

- 单击状态栏中的"动态输入"按钮。
- 按"F12"键。

5.1.7　实例——设置指针输入

Step01：启动 AutoCAD 2016，在状态栏的"动态输入"按钮上右击，在弹出的快捷菜单中选择"动态输入设置"命令。

Step02：弹出"草图设置"对话框，切换至"动态输入"选项卡。选择**启用指针输入 (P)** 复选框，可开启指针输入功能。此时在绘图区中移动光标时，光标处将显示坐标值，在输入点时，首先在第一个文本框中输入数值，然后按"，"键，可切换到下一个文本框输入下一个坐标值。

Step03：单击"指针输入"选项组中的"设置"按钮，弹出"指针输入设置"对话框，在该对话框中可对指针输入的相关参数进行设置。

标注输入用于输入距离和角度，在"草图设置"对话框的"动态输入"选项卡中选择**可能时启用标注输入 (D)** 复选框，则坐标输入字段会与正在创建或编辑的几何图形上的标注绑定，工具栏中的值将随着光标的移动而改变。单击"标注输入"选项组中的"设置"按钮，将弹出一个"标注输入的设置"对话框，用户可在该对话框中对标注输入的相关参数进行设置。

5.1.8　正交模式

使用正交模式可在绘图区中手动绘制水平和垂直的直线或辅助线，开启正交模式的方法如下。

- 单击状态栏中的"正交模式"按钮。
- 按"F8"键。

5.2　通过捕捉几何点工具精确定位图形

在绘制图形的过程中，快速、直接、准确地选择几何点，可以精确定位图形，既节省了绘图时间又增加了绘图准确性。

5.2.1　使用对象捕捉几何点类型

在"参数化"选项卡的"几何"选项组中单击需要的功能按钮，可以设置对象捕捉几何点。

其中各按钮的功能介绍如下。

• "自动约束"按钮：命令为 AUTOCONSTRAIN。用于将多个几何约束应用于选定的对象。

• "重合"按钮：命令为 CONSTRAINTBAR。用于约束两个点使其重合，或者约束一个点使其位于对象或对象延长部分的任意位置。对象上的约束点根据对象类型而有所不同。例如可以约束直线的中点和端点。第二个选定点或对象将与第一个点或对象重合。

• "共线"按钮：在命令行中执行 GEOMCONSTRAINT 后，输入 COL。用于约束两条直线，使其位于同一个无限长的线上，即应将第二条选定直线设为与第一条选定直线共线。

• "同心"按钮：在命令行中执行 GEOMCONSTRAINT 后，输入 CON。用于约束选定的圆、圆弧或椭圆，使其具有相同的圆心点，即第二个选定对象将设为与第一个选定对象同心。

• "固定"按钮：在命令行中执行 GEOMCONSTRAINT 后，输入 F。用于约束一个点或一条曲线，使其固定在相对于世界坐标系的特定位置和方向上。

• "平行"按钮：在命令行中执行 GEOMCONSTRAINT 后，输入 PA。用于约束两条直线，使其具有相同的角度，即第二个选定对象将设为与第一个选定对象平行。

• "垂直"按钮：在命令行中执行 GEOMCONSTRAINT 后，输入 P。用于约束两条直线或多段线线段，使其夹角始终保持为 90°，即第二个选定对象将设为与第一个对象垂直。

• "水平"按钮：在命令行中执行 GEOMCONSTRAINT 后，输入 H。用于约束一条直线或一对点，使其与当前 UCS 的 X 轴平行，即对象上的第二个选定点将设定为与第一个选定点水平。

• "竖直"按钮：在命令行中执行 GEOMCONSTRAINT 后，输入 V。用于约束一条直线或一对点，使其与当前 UCS 的 Y 轴平行，即对象上的第二个选定点将设定为与第一个选定点垂直。

• "相切"按钮：在命令行中执行 GEOMCONSTRAINT 后，输入 T。用于约束两条曲线，使其相切或其延长线彼此相切。

• "平滑"按钮：在命令行中执行 GEOMCONSTRAINT 后，输入 SM。用于约束一条样条曲线，使其与其他样条曲线、直线、圆弧或多段线彼此相连并保持 G2 连续性，选定的第一个对象必须为样条曲线。第二个选定对象将设为与第一条样条曲线 G2 连续。

• "对称"按钮：在命令行中执行 GEOMCONSTRAINT 后，输入 S。用于约束对象上的两条曲线或两个点，使其以选定直线为对称轴彼此对称。

• "相等"按钮：在命令行中执行 GEOMCONSTRAINT 后，输入 E。用于约束两条直线或多段线，使其具有相同长度；或约束圆弧和圆，使其具有相同半径值。

• "显示/隐藏"按钮：在命令行中执行 CONSTRAINTBAR。用于显示或隐藏选定对象的几何约束，即选定某个对象以高亮显示/隐藏相关几何约束。

• "全部显示"按钮：在命令行中执行 CONSTRAINTBAR 后，输入 S。用于显示图形中的所有几何约束。

• "全部隐藏"按钮：在命令行中执行 CONSTRAINTBAR 后，输入 H。用于隐藏图形中的所有几何约束。

5.2.2 设置运行捕捉模式和覆盖捕捉模式

在"草图设置"对话框的"对象捕捉"选项卡中，设置的对象捕捉模式始终处于运行状态，直到关闭对象捕捉为止，这种捕捉模式为运行捕捉模式。如果要临时启用捕捉模式，可以在输入点的提示下选择"对象捕捉"工具栏中的工具，这种捕捉模式为覆盖捕捉模式。

注意：

选中绘制的图形对象，按"Shift"键或"Ctrl"键的同时右击图像对象，将弹出一个快捷菜单，在快捷菜单中选择相应的捕捉模式，也可以启用覆盖捕捉模式。

其中部分按钮的功能介绍如下。

• "临时追踪点"按钮：命令形式为 TT。用于临时使用对象捕捉跟踪功能，在未开启对象捕捉跟踪功能的情况下可临时使用该功能一次。

• "自"按钮：命令形式为 FROM。在执行命令的过程中使用该命令，可以指定一个临时点，然后根据该临时点来确定其他点的位置。

• "端点"按钮：命令形式为 END。用于捕捉圆弧、直线、多段线、网格、椭圆弧、射线或多段线的最近端点，"端点"对象捕捉还可以捕捉到延伸边的端点，以及有 3D 面、迹线和实体填充线的角点。

• "中点"按钮：命令形式为 MID。用于捕捉圆弧、椭圆弧、直线、多线、多段线、面域、实体、样条曲线或参照线的中点。

• "交点"按钮：命令形式为 INT。用于捕捉直线、多段线、圆弧、圆、椭圆弧、椭圆、样条、曲线、结构线、射线或平行多线等任何组合体之间的交点。

• "外观交点"按钮：命令形式为 APPINT。用于捕捉两个在三维空间实际并未相交，但是由于投影关系在二维视图中相交的对象的交点，这些对象包括圆、圆弧、椭圆、椭圆弧、直线、多线、射线、样条曲线和参照线等。

• "延长线"按钮：命令形式为 EXT。用于以用户选定的实体为基准，显示出其延长线，用户可捕捉此延长线上的任意一点。

· "圆心"按钮：命令形式为 CEN。用于捕捉圆弧、圆、椭圆、椭圆弧或实体填充线的圆（中）心点，圆及圆弧必须在圆周上拾取一点。

· "象限点"按钮：命令形式为 QUA。用于捕捉圆弧、椭圆弧、填充线、圆或椭圆的 0°、90°、180°、270°的 1/4 象限点，象限点是相对于当前 UCS 用户坐标系而言的。

· "切点"按钮：命令形式为 TAN。用于捕捉选取点与所选圆、圆弧、椭圆或样条曲线相切的切点。

· "垂直"按钮：命令形式为 PER。用于捕捉选取点与选取对象的垂直交点，垂直交点并不一定在选取对象上定位。

· "平行线"按钮：命令形式为 PAR。用于以用户选定的实体为平行的基准，当光标与所绘制的前一点的连线方向平行于基准方向时，系统将显示一条临时的平行线，用户可捕捉到此线上的任意一点。

· "节点"按钮：命令形式为 NOD。用于捕捉点对象，包括 POINT、DIVIDE、MEASURE 命令绘制的点，也包括尺寸对象的定义点。

· "插入点"按钮：命令形式为 INS。用于捕捉块、外部引用、形、属性、属性定义或文本对象的插入点。也可通过选择"对象捕捉"菜单中的图标来激活该捕捉方式。

· "最近点"按钮：命令形式为 NEA。用于捕捉最靠近十字光标的点，此点位于直线、圆、多段线、圆弧、线段、样条曲线、射线、结构线、视区或实体填充线、迹线或3D 面对应的边上。

· "无"按钮：命令形式为 NON。用于关闭一次对象捕捉。

· "对象捕捉设置"按钮：命令形式为 DSETTINGS。单击该按钮，将弹出"草图设置"对话框，在该对话框中，用户可以将经常使用的对象捕捉设置为一直处于启用状态。

5.2.3 对象捕捉追踪

对象捕捉追踪功能既包含了对象捕捉功能又包含了对象追踪功能，对象捕捉追踪功能的使用方法是：先根据对象捕捉功能确定对象的某一捕捉点（只需将光标在该点上停留片刻，当自动捕捉标记中出现黄色的标记时即可），然后以该点为基准点进行追踪，得到准确的目标点。调用该命令的方法有以下两种。

· 单击状态栏中的"对象捕捉追踪"按钮。

· 按"F11"键。

注意：

极轴追踪状态不影响对象捕捉追踪的使用，即使极轴追踪处于关闭状态，用户仍可在对象捕捉追踪中使用极轴角进行追踪。

本章习题

1. 绘制如图 5-1 所示的图形，熟悉极轴追踪和对象捕捉追踪等功能的使用方法。

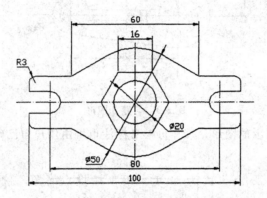

图 5-1　习题 1 图形

2. 绘制如图 5-2 所示的图形，熟悉极轴追踪和对象捕捉追踪等功能的使用方法。

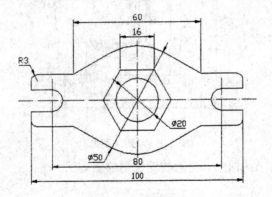

图 5-2　习题 2 图形

3. 利用极轴追踪和对象捕捉追踪等功能绘制如图 5-3 所示的图形。

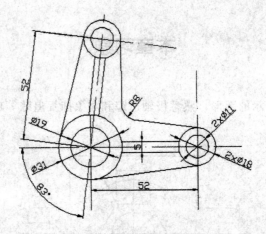

图 5-3 习题 3 图形

4. 绘制如图 5-4 所示的图形，尺寸可参考标注也可由用户自己确定。

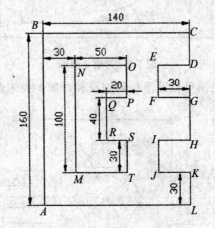

图 5-4 习题 4 图形

5. 绘制如图 5-5 所示的图形，注意辅助线的绘制方法。

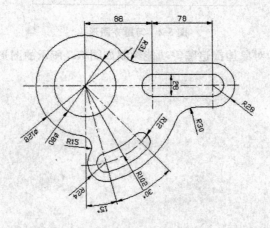

图 5-5 习题 5 图形

第6章 辅助绘图工具

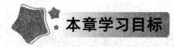
本章学习目标

- 熟悉查询工具、图形实用工具。
- 理解快速计算器。
- 掌握光栅图像的加载、卸载和调整。

6.1 查询工具

AutoCAD 的查询工具用于查询图形对象，包括查询距离、查询面积和周长、查询点坐标、查询设置时间、查询状态、查询对象列表，以及查询面域/质量特性等。

6.1.1 查询距离

查询距离命令主要用于查询指定两点间的长度值与角度值，调用该命令的方法有以下3种。

- 在功能区选项板中的"默认"选项卡的"实用工具"组中单击"距离"按钮。
- 在菜单栏中选择"工具"→"查询"→"距离"命令。
- 在命令行中执行 DI 或 DIST 命令。

6.1.2 查询面积及周长

查询面积及周长命令主要用于查询图形对象的面积和周长值，同时还可对面积及周长进行加/减运算，调用该命令的方法有以下两种。

- 在菜单栏中选择"工具"→"查询"→"面积"命令。
- 在命令行中执行 AREA 命令。

6.1.3 实例——查询对象面积

在命令行中执行 AREA 命令，捕捉要查询的 *A* 点、*B* 点、*C* 点，按回车键确认，捕捉完成后的效果如图 6-1 所示，具体操作过程如下。

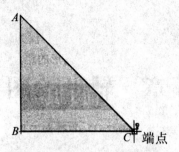

图 6-1 捕捉完成后的效果图

命令：AREA   //执行 AREA 命令

指定第一个角点或［对象（O）/增加面积（A）/减少面积（S）］＜对象（O）＞：
//捕捉要查询对象的一点，这里单击如图 6-1 所示的 A 点

指定下一个点或［圆弧（A）/长度（L）/放弃（U）］：   //捕捉下一个点，这里单击如图 6-1 所示的 B 点

指定下一个点或［圆弧（A）/长度（L）/放弃（U）］：//捕捉下一个点，这里单击如图 6-1 所示的 C 点

指定下一个点或［圆弧（A）/长度（L）/放弃（U）］：   //确认指定的所有点，按回车键确认

区域＝1125000.0000，周长＝5121.3203   //系统提示查询结果并结束该命令

在执行命令的过程中，命令行中各选项的含义如下。

•对象：用于查询圆、椭圆、样条曲线、多段线、多边形、面域、实体和一些开放性的首尾相连能成为封闭图形等图形的面积和周长。

•增加面积：选择该项后，继续定义新区域应保持总面积平衡。使用该选项可计算各定义区域和对象的面积、周长，也可计算所有定义区域和对象的总面积。

•减少面积：从总面积中减去指定面积。

注意：

对于线宽大于 0 的多段线，系统将按其中心线来计算面积和周长。

6.1.4 查询点坐标

查询点坐标命令主要用于查询指定点的坐标，调用该命令的方法有以下 3 种。

•在"默认"选项卡的"实用工具"组中单击"点坐标"按钮。

•在菜单栏中选择"工具"→"查询"→"点坐标"命令。

•在命令行中执行 ID 命令。

6.1.5 查询时间

查询时间命令用于查询或设置图形文件的时间，调用该命令的方法有以下两种。

•在菜单栏中选择"工具"→"查询"→"时间"命令。

• 在命令行中执行 TIME 命令。

执行上述命令后，打开一个文本窗口，在该窗口中可查看在执行查询时间命令后，窗口中显示的当前时间、创建时间、上次更新时间、累计编辑时间、消耗时间计时器和下次自动保存时间等信息。

在执行命令的过程中，命令行中各选项的含义如下。

• 显示：重复显示上述时间信息，并自动适时更新时间信息。
• 开：打开用户计时器。
• 关：关闭用户计时器。
• 重置：将用户计时器复位清零。

6.1.6　查询状态

查询状态命令主要用于查询当前图形中对象的数目和当前空间中各种对象的类型等信息，调用该命令的方法有以下两种。

• 在菜单栏中选择"工具"→"查询"→"状态"命令。
• 在命令行中执行 STATUS 命令。

执行上述命令后，打开一个文本窗口，在该窗口中可查看在执行查询状态命令后，窗口中显示的当前空间、布局、图层、颜色、线型、材质、线宽、图形中对象的个数，以及对象捕捉模式等信息。

6.1.7　查询对象列表

查询对象列表命令主要用于查询 AutoCAD 图形对象各个点的坐标值、长度、宽度、高度、旋转、面积、周长，以及所在图层等信息，调用该命令的方法有以下两种。

• 在菜单栏中选择"工具"→"查询"→"列表"命令。
• 在命令行中执行 LIST 命令。
执行上述命令的具体操作过程如下。

选择对象：　　//选择要查询对象列表的对象
选择对象：　　//选择完成后按回车键，打开一个文本窗口，显示图形对象的相关信息

6.1.8　查询面域/质量特性

查询面域/质量特性命令主要用于查询所选对象（实体或面域）的质量、体积、边界框、惯性矩、惯性积和旋转半径等特征，并询问用户是否将分析结果写入文件，调用该命令的方法有以下两种。

• 在菜单栏中选择"工具"→"查询"→"面域/质量特性"命令。
• 在命令行中执行 MASSPROP 命令。
执行上述命令的具体操作过程如下。

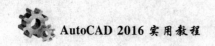

命令：MASSPROP　　//执行 MASSPROP 命令

选择对象：　　　　　//选择要查询面域/质量特性的对象

选择对象：　　　　　//选择完成后按回车键，打开一个文本窗口，显示图形对象的相关信息

6.2　快速计算器

在 AutoCAD 中，可以运用计算器直接计算表达式的值，打开快速计算器的方法有以下 4 种。

- 在"默认"选项卡的"实用工具"组中单击"快速计算器"按钮。
- 在菜单栏中选择"工具"→"选项板"→"快速计算器"命令。
- 按"Ctrl+8"组合键。
- 在命令行中执行 QUICKCALC 命令。

执行上述命令后，都将打开一个"快速计算器"选项板，在该选项板中可对表达式进行计算。

"快速计算器"选项板中各按钮的含义如下。

- "清除"按钮：单击该按钮可清除输入的所有内容。
- "清除历史记录"按钮：单击该按钮可清除所有的历史计算记录。
- "将值粘贴到命令行"按钮：在命令提示下将值粘贴到输入框中。如果在命令执行过程中以透明方式使用"快速计算器"，则在计算器底部，此按钮将替换为"应用"按钮。
- "获取坐标"按钮：用于获取用户在图形中单击的某个点的坐标。
- "两点之间的距离"按钮：用于获取用户在对象上单击的两个点之间的距离。
- "由两点定义的直线的角度"按钮：用于获取用户在对象上单击的两个点之间的角度。
- "由四点定义的两条直线的交点"按钮：用于获取用户在对象上单击的 4 个点的交点。在选项板中，还有其他 4 个栏用于计算。
- "数字键区"栏：提供可供用户输入算术表达式的数字和符号的标准计算器键盘。在输入值和表达式后，单击等号（=）即可计算表达式。
- "科学"栏：计算与科学和工程应用相关的三角、对数、指数和其他表达式。
- "单位转换"栏：将测量单位从一种单位类型转换为另一种单位类型。单位转换区域只接受不带单位的小数值。
- "变量"栏：提供对预定义常量和函数的访问。可以使用变量区域定义并存储其他常量和函数。

注意:

在命令行中执行 CAL 命令后,当出现">表达式:"提示信息时输入需要计算的表达式,系统也会计算出表达式的值。

6.3　图形实用工具

AutoCAD 中提供的图形实用工具包括核查、修复,以及清理图形中不使用的对象等。

6.3.1　核查

核查功能主要用于对图形对象进行更正和检测错误,调用该命令的方法有以下两种。

• 在菜单栏中选择"文件"→"图形实用工具"→"核查"命令。

• 在命令行中执行 AUDIT 命令。

执行上述命令的具体操作过程如下。

命令:AUDIT　　　　　　　　　　//执行 AUDIT 命令

是否更正检测到的任何错误?[是(Y)/否(N)]<N>:Y　//选择"是"选项

核查表头　　　　　　　　　　　//系统自动核查表头

核查表　　　　　　　　　　　　//系统自动核查表

6.3.2　修复

修复功能主要用于更正图形中的部分错误数据,调用该命令的方法有以下两种。

• 在菜单栏中选择"文件"→"图形实用工具"→"修复"命令。

• 在命令行中执行 RECOVER 命令。

6.3.3　实例——修复图形对象

Step01:启动 AutoCAD 2016,在命令行中执行 RECOVER 命令,弹出"选择文件"对话框,然后在"查找范围"下拉列表中选择需要进行修复的文件的路径,在其下方的列表框中选择要修复的图形文件,单击"打开"按钮。

Step02:系统自动对图形文件进行修复并打开一个文本窗口,显示修复过程和结果。

Step03:修复完毕后系统自动弹出一个提示对话框,单击"确定"按钮,完成对图形的修复。

6.3.4　清理图形中不使用的对象

对图形中不使用的对象可以将其删除,调用该命令的方法有以下两种。

• 在菜单栏中选择"文件"→"图形实用工具"→"清理"命令。

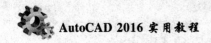

• 在命令行中执行 PURGE 命令。

执行上述命令后，都将弹出一个"清理"对话框。在中间的列表框中选择要清理的对象，然后单击"清理"按钮即可将选择的对象清除。

"清理"对话框中各选项的含义如下。

• "查看能清理的项目"单选按钮：切换树状图，以显示当前图形中可以清理的命名对象的概要。

• "查看不能清理的项目"单选按钮：列出当前图形中未使用的、可被清理的命名对象。可以通过单击加号或双击对象类型列出任意对象类型的项目，然后通过选择要清理的项目来清理项目。

• "确认要清理的每个项目"复选框：清理项目时会弹出"确认清理"对话框。

• "清理嵌套项目"复选框：从图形中删除所有未使用的命名对象，即使这些对象包含在其他未使用的命名对象中或被这些对象所参照。单击"全部清理"按钮，弹出"确认清理"对话框，可以取消或确认要清理的项目。

6.4 光栅图像

在 AutoCAD 中，用户可以在绘图区中插入光栅图像。光栅图像由像素，即小方块或点的矩形方格组成。使用光栅图像可代替一个对象或在图形中勾画出某个对象的轮廓。

6.4.1 加载光栅图像

在图形中加载光栅图像的方法有以下 3 种。

• 单击"视图"选项卡的"选项板"组中的"外部参照选项板"按钮，打开"外部参照"选项板，然后单击"附着 DWG"按钮右侧的黑色倒三角按钮，在弹出的菜单中选择"附着图像"命令。

• 在菜单栏中选择"插入"→"外部参照"命令。

• 在命令行中执行 IMAGEATTACH 命令。

6.4.2 卸载光栅图像

卸载光栅图像有以下两种方法。

• 在"插入"选项卡的"参照"组中单击其右下角的"外部参照"按钮，弹出"外部参照"选项板，在其中卸载光栅图像即可。

• 在命令行中执行 ERASE 命令。

6.4.3 实例——卸载光栅图像

Step01：在"插入"选项卡的"参照"组中单击其右下角的"外部参照"按钮，弹出

"外部参照"选项板。

Step02：在"文件参照"栏中选择需要卸载的光栅图像，然后在其上方右击，在弹出的快捷菜单中选择"卸载"命令。

6.4.4　调整光栅图像

调整光栅图像的操作包括调整图像的亮度、对比度、淡入度，以及显示质量等，以使图像更符合图形文件的要求。

1. 调整亮度、对比度和淡入度

调整图像的亮度、对比度和淡入度可在"图像调整"对话框中进行。打开该对话框的方法有以下两种。

- 在菜单栏中选择"修改"→"对象"→"图像"→"调整"命令。
- 在命令行中执行 IMAGEADJUST 命令。

执行上述命令并选择图像后，将弹出"图像调整"对话框。在对话框的"亮度"选项组、"对比度"选项组和"淡入度"选项组中拖动滑块或在其后的文本框中输入相应的数值后，单击"确定"按钮即可进行相应更改。

注意：

在"图像调整"对话框中单击"重置"按钮，可将亮度、对比度和淡入度的各个参数恢复为设置前的状态，然后再对各个参数进行重新设置。

2. 调整图像的显示质量

为了不影响加载的光栅图像的显示质量，可以对图像的显示质量进行设置，调整图像显示质量的方法有以下两种。

- 在菜单栏中选择"修改"→"对象"→"图像"→"质量"命令。
- 在命令行中执行 IMAGEQUALITY 命令。

执行上述命令的具体操作过程如下。

命令：IMAGEQUALITY　　　　//执行 IMAGEQUALITY 命令

输入图像质量设置［高（H）/草稿（D）］＜高＞：D //选择"草稿"选项，生成较低质量的图像显示，然后按回车键即可

本章习题

1. 常用的查询工具有哪些？
2. 常用的图形使用工具有哪些？
3. 加载光栅图像有哪几种方法？

第7章　绘制二维图形

本章学习目标

- 绘制点对象。
- 绘制射线和构造线。
- 绘制曲线对象。
- 绘制与编辑多线。
- 绘制与编辑多段线。

7.1　绘制点

在 AutoCAD 中，点对象可用作捕捉和偏移对象的节点或参考点。可以通过"单点""多点""定数等分"和"定距等分"4 种方法创建点对象。

7.1.1　绘制单点与多点

在 AutoCAD 2016 的菜单栏中选择"绘图"→"点"→"单点"命令（POINT），便可以在绘图窗口中一次指定一个点；选择"绘图"→"点"→"多点"命令，或在"功能区"选项板中选择"默认"选项卡，在"绘图"面板中单击"多点"按钮，便可以在绘图窗口中一次指定多个点，直到按 Esc 键结束。

【例 7-1】在 AutoCAD 绘图窗口的任意位置创建 4 个点，每一个点的创建效果如图 7-1 所示。

（1）在菜单栏中选择"绘图"→"点"→"多点"命令，执行 POINT 命令，命令行提示中将显示"当前点模式：PDMODE＝0 PDSIZE＝0.0000"，如图 7-1 所示。

（2）在命令行的"指定点："提示下，使用鼠标指针在屏幕上依次拾取点 A、点 B、点 C 和点 D，如图 7-2 所示。

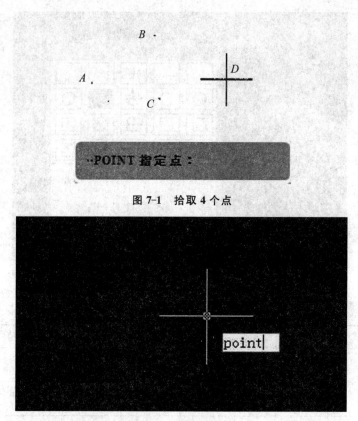

图 7-1 拾取 4 个点

图 7-2 创建单个点

（3）最后，按下 Esc 键结束绘制点命令。

7.1.2 设置点样式

在绘制点时，命令提示行的 PDMODE 和 PDSIZE 两个系统变量显示了当前状态下点的样式和大小。在菜单栏中选择"格式"→"点样式"命令，可通过打开的"点样式"对话框对点样式和大小进行设置。

【例 7-2】继续【例 7-1】的操作，设置绘制的点样式。

（1）在快速访问工具栏中选择"显示菜单栏"命令，在弹出的菜单中选择"格式"→"点样式"命令，打开"点样式"对话框。

（2）在"点样式"对话框中选中一种点样式后，选中"相对于屏幕设置大小"单选按钮，并单击"确定"按钮，如图 7-3 所示。

（3）此时，绘图区域中的点效果将如图 7-3 中所选样式相同。

此外，用户还可以使用 PDMODE 命令来修改点样式。点样式与对应的 PDMODE 变量值见表 7-1。

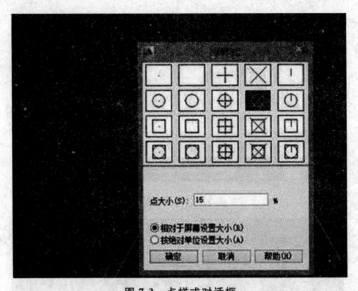

图 7-3　点样式对话框

表 7-1　点样式与对应的 PDMODE 变量值

点样式	变量值	点样式	变量值
	0	·	64
	1	□	65
＋	2	⊞	66
✕	3	⊠	67
∣	4	⊡	68
⊙	32	⊡	96
⬡	33	◰	97
⊕	34	⊞	98
⊗	35	⊠	99
⟡	36	◵	100

7.1.3　定数等分对象

在 AutoCAD 2016 的菜单栏中选择"绘图"→"点"→"定数等分"命令（DIVIDE），或在"功能区"选项板中选择"默认"选项卡，然后在"绘图"面板中单击"定数等分"按钮，都可以在指定的对象上绘制等分点或在等分点处插入块。在使用该命令时应注意以下两点。

（1）因为输入的是等分数，而不是放置点的个数，所以如果将所选对象分成 N 份，则实际上只生成 $N-1$ 个点。

（2）每次只能对一个对象操作，而不能对一组对象操作。

【例 7-3】在如图 7-4 所示的基础上绘制如图 7-7 所示的线段图。

（1）在快速访问工具栏中选择"显示菜单栏"命令，在弹出的菜单中选择"文件"→"打开"命令，打开"选择文件"对话框，选择如图 7-4 所示的图形文件并将其打开。

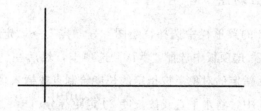

图 7-4　打开图形

（2）在"功能区"选项板中选择"默认"选项卡，然后在"绘图"面板中单击"定数等分"按钮，执行 DIVIDE 命令。

（3）在命令行的"选择要定数等分的对象："提示下，选择直线作为需要等分的对象，如图 7-5 所示。

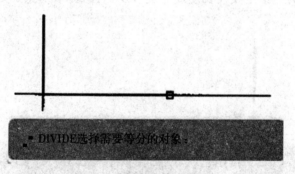

图 7-5　选择需要等分的对象

（4）在命令行的"输入线段数目或［块（B)]："提示下，输入等分段数 6，然后按回车键，设置等分段数效果如图 7-6 所示。

图 7-6　设置等分段数效果

（5）在命令行中输入 PDMODE，将其设置为 4，此时效果如图 7-7 所示。

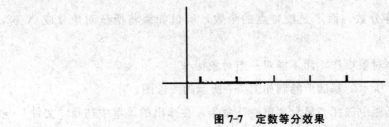

图 7-7　定数等分效果

7.1.4　定距等分对象

在 AutoCAD 2016 的菜单栏中选择"绘图"→"点"→"定距等分"命令（MEAS-URE），或在"功能区"选项板中选择"默认"选项卡，然后在"绘图"面板中单击"定距等分"按钮，均可在指定的对象上按指定的长度绘制点或插入块。

【例 7-4】在图 7-5 中，将水平直线按长度 20 定距等分。

（1）在命令行中输入 PDMODE，将其设置为 4，修改点的样式。

（2）在"功能区"选项板中选择"默认"选项卡，然后在"绘图"面板中单击"定距等分"按钮，发出 MEASURE 命令。

（3）在命令行的"选择要定距等分的对象："提示信息下，选择直线。

（4）在命令行的"指定线段长度或［块（B）］："提示信息下，输入 20，效果如图 7-8 所示。

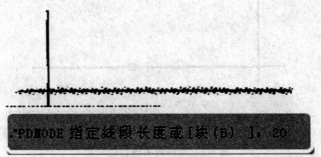

图 7-8　指定线段长度效果

（5）按下回车键，定距等分结果如图 7-9 所示。

图 7-9　定距等分结果

7.2　绘　制　线

在 AutoCAD 中，直线、射线、构造线都是较为简单的线性对象。使用 LINE 命令可以绘制直线。

7.2.1　绘制直线

直线是各种绘图中最常用、最简单的一类图形对象，指定起点和终点即可绘制一条直线。在 AutoCAD 中，可以用二维坐标（X，Y）或三维坐标（X，Y，Z）来指定端点，也可以混合使用二维坐标和三维坐标。如果输入二维坐标，AutoCAD 将会使用当前的高度作为 Z 轴坐标值。

在菜单栏中选择"绘图"→"直线"命令（LINE），或在"功能区"选项板中选择"默认"选项卡，然后在"绘图"面板中单击"直线"按钮，即可绘制直线。

执行"直线"命令的过程如下。

命令：_ LINE

LINE 指定第一点：

LINE 指定下一点或 [放弃（U）]：

LINE 指定下一点或 [闭合（C）/放弃（U）]：

AutoCAD 绘制的直线实际上是直线段，不同于几何学中的直线，在绘制时需要注意以下几点。

（1）绘制单独对象时，在发出 LINE 命令后指定第 1 点，接着指定下一点，然后按回车键。

（2）绘制连续折线时，在发出 LINE 命令后指定第 1 点，然后连续指定多个点，最后按回车键。

（3）绘制封闭折线时，在最后一个"指定下一点或 [闭合（C）/放弃 U]："提示后面输入字母 C，然后按回车键。

（4）在绘制折线时，如果在"指定下一点或 [闭合（C）/放弃（U）]："提示后输入字母 U，可以删除上一条直线。

7.2.2　绘制射线

射线是一端固定、另一端无限延伸的直线。在菜单栏中选择"绘图"→"射线"命令（RAY），或在"功能区"选项板中选择"默认"选项卡，然后在"绘图"面板中单击"射线"按钮，指定射线的起点和通过点即可绘制一条射线。在 AutoCAD 中，射线主要用于绘制辅助线。

指定射线的起点后，可在"指定通过点:"提示下指定多个通过点，绘制以起点为端点的多条射线，直到按 Esc 键或回车键退出。

7.2.3 绘制构造线

构造线是两端可以无限延伸的直线，没有起点和终点，可以放置在三维空间的任意位置，主要用于绘制辅助线。在菜单栏中选择"绘图"→"构造线"命令（XLINE），或在"功能区"选项板中选择"默认"选项卡，然后在"绘图"面板中单击"构造线"按钮，均可绘制构造线。

命令行共有 6 种绘制构造线的方法，分别介绍如下。

（1）使用指定点方式绘制通过两点的构造线，如图 7-10 所示。

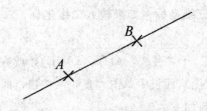

图 7-10　通过两点的构造线

（2）通过指定点绘制与当前 UCS 的 X 轴平行的构造线，如图 7-11 所示。

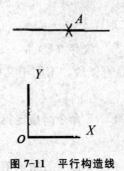

图 7-11　平行构造线

（3）通过指定点绘制与当前 UCS 的 X 轴垂直的构造线，如图 7-12 所示。

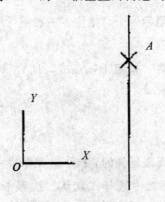

图 7-12　垂直构造线

（4）绘制与参照线或水平轴成指定角度并经过指定点的构造线，如图 7-13 所示。

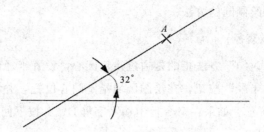

图 7-13　有角度的构造线

（5）使用二等分方式创建一条等分某一角度的构造线，如图 7-14 所示。

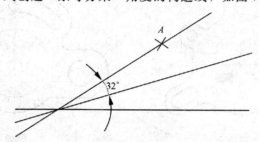

图 7-14　等分角度的构造线

（6）使用偏移方式创建平行于一条基线的构造线，如图 7-15 所示。

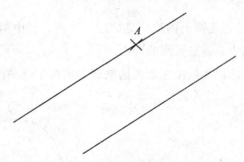

图 7-15　平行于基线的构造线

7.3　绘制曲线

在实际绘图中，图形中不仅包含直线、多段线，还包含圆、圆弧、椭圆以及椭圆弧等曲线对象，这些曲线对象同样是 AutoCAD 图形的主要组成部分。

7.3.1　绘制圆

圆是指平面上到定点的距离等于定长的所有点的集合。它是一个单独的曲线封闭图形，有恒定的曲率和半径。在二维草图中，圆主要用于表达孔、台体和柱体等模型的投影轮廓；在三维建模中，由圆创建的面域可以直接构建球体、圆柱体和圆台等实体模型。

在 AutoCAD"绘图"选项板中单击"圆"按钮下方的黑色倒三角按钮，在其下拉列表中主要提供以下 5 种绘制圆的方法。

1. 圆心、半径（或直径）

"圆心、半径（或直径）"方法指的是通过指定圆心，设置半径值（或直径值）而确定一个圆。单击"圆心、半径"按钮，在绘图区域指定圆心位置，并设置半径值即可确定一个圆，效果如图 7-16 所示。如果在命令行中输入字母 D，并按下回车键确认，则可以通过设置直径值来确定一个圆。

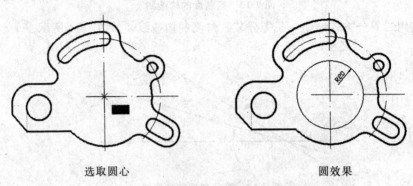

选取圆心   圆效果

图 7-16   利用"圆心、半径"工具绘制圆

2. 两点

"两点"方式可以通过指定圆上的两个点确定一个圆，其中两点之间的距离确定了圆的直径，两点之间距离的中点确定了圆的圆心。

单击"两点"按钮，然后在绘图区依次选取圆上的两个点 A 和 B，即可确定一个圆，如图 7-17 所示。

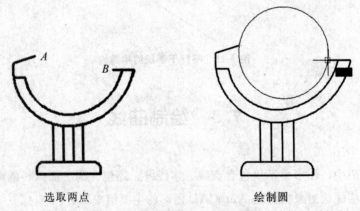

选取两点   绘制圆

图 7-17   利用"两点"工具绘制圆

3. 三点

"三点"方式是通过指定圆周上的 3 个点而确定一个圆。其原理是在平面几何中 3 点的首尾连线可组成一个三角形，而一个三角形有且只有一个外接圆。

单击"三点"按钮，然后依次选取圆上的 3 个点即可，如图 7-18 所示。需要注意的是，这 3 个点不能在同一条直线上。

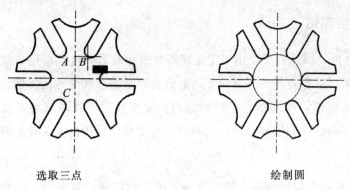

选取三点　　　　　　　　　　　绘制圆

图 7-18　利用"三点"工具绘制圆

4. 相切、相切、半径

"相切、相切、半径"方式可以通过指定圆的两个公切点和设置圆的半径值确定一个圆。单击"相切、相切、半径"按钮，然后在相应的图元上指定公切点，并设置圆的半径值即可，如图 7-19 所示。

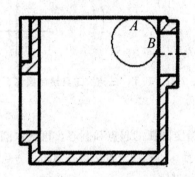

图 7-19　利用"相切、相切、半径"工具绘制圆

5. 相切、相切、相切

"相切、相切、相切"方式是通过指定圆的 3 个公切点来确定一个圆。该类型的圆是三点圆的一种特殊类型，即 3 段两两相交的直线或圆弧段的公切圆，主要用于确定正多边形的内切圆。

单击"相切、相切、相切"按钮，然后依次选取相应图元上的 3 个切点即可，如图 7-20 所示。

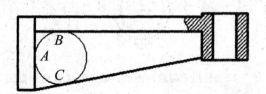

图 7-20　利用"相切、相切、相切"工具绘制圆

7.3.2 绘制圆弧

在 AutoCAD 中，圆弧既可以用于建立圆弧曲线和扇形，也可以用于放样图形的放样界面。由于圆弧可以看作是圆的一部分，因此它会涉及起点和终点的问题。绘制圆弧的方法与绘制圆的方法类似，既要指定半径和起点，又要指出圆弧所跨的弧度大小。绘制圆弧，根据绘图顺序和已知图形要素条件的不同，主要可以分为以下 5 种类型。

1. 三点

"三点"方式是通过指定圆弧上的三点确定的二段圆弧。其中第一点和第三点分别是圆弧上的起点和端点，并且第三点直接决定圆弧的形状和大小，第二点可以确定圆弧的位置。单击"三点"按钮，然后在绘图区依次选取圆弧上的 3 个点，即可绘制通过这 3 个点的圆弧，如图 7-21 所示。

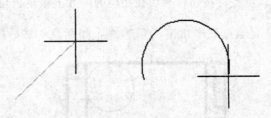

图 7-21 利用"三点"工具绘制圆弧

2. 起点和圆心

"起点和圆心"方式是通过指定圆弧的起点和圆心，再选取圆弧的端点，或设置圆弧的包含角或弦长来确定圆弧。主要包括 3 个绘制工具，最常用的为"起点、圆心、端点"工具。

单击"起点、圆心、端点"按钮，然后依次指定 3 个点作为圆弧的起点、圆心和端点绘制圆弧，如图 7-22 所示。

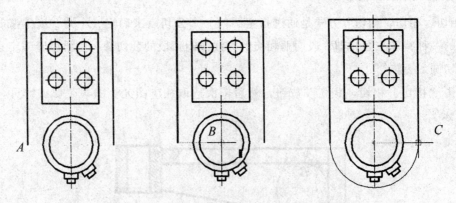

图 7-22 利用"起点、圆心、端点"工具绘制圆弧

如果单击"起点、圆心、角度"按钮，绘制圆弧时需要指定圆心角。当输入正角度值时，所绘圆弧从起始点绕圆心沿逆时针方向绘制；单击"起点、圆心、长度"按钮，绘制圆弧时所给定的弦长不得超过起点到圆心距离的两倍，另外在设置弦长为负值时，该值的

绝对值将作为对应整圆的空缺部分圆弧的弦长。

3. 起点和端点

"起点和端点"方式是通过指定圆弧上的起点和端点,然后再设置圆弧的包含角、起点切向或圆弧半径,从而确定一段圆弧。主要包括 3 个绘制工具,效果如图 7-23 所示。其中单击"起点、端点、方向"按钮,绘制圆弧时可以拖动鼠标,动态地确定圆弧在起点和端点之间形成一条橡皮筋线,该橡皮筋线即为圆弧在起始点处的切线。

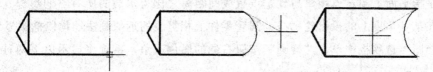

图 7-23 利用"起点、端点、方向"工具绘制圆弧

4. 圆心和起点

"圆心和起点"方式是通过依次指定圆弧的圆心和起点,然后再选取圆弧上的端点,或者设置圆弧包含角或弦长来确定一段圆弧。

"圆心和起点"方式同样包括 3 个绘图工具,与"起点和圆心"方式的区别在于绘图的顺序不同。如图 7-24 所示,单击"圆心、起点、端点"按钮,然后依次指定 3 个点分别作为圆弧的圆心、起点和端点绘制圆弧。

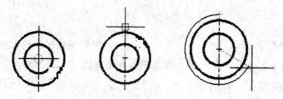

图 7-24 利用"圆心、起点、端点"工具绘制圆弧

5. 连续

"连续"方式是以最后依次绘制线段或圆弧过程中确定的最后一点作为新圆弧的起点,并以最后所绘制线段方向或圆弧终止点处的切线方向为新圆弧在起始处的切线方向,然后再指定另一个端点,从而确定的一段圆弧。

单击"连续"按钮,系统将自动选取最后一段圆弧。此时仅需指定连续圆弧上的另一个端点即可,如图 7-25 所示。

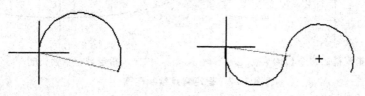

系统自动选取最后一段圆弧   指定圆弧终点

图 7-25 绘制连续圆弧

7.3.3 绘制椭圆和椭圆弧

椭圆和椭圆弧曲线都是机械绘图时最常用的曲线对象。该类曲线 X、Y 轴方向对应的圆弧直径有差异，如果直径完全相同则形成规则的圆轮廓线，因此可以说圆是椭圆的特殊形式。

1. 绘制椭圆

椭圆是指平面上到定点距离与到定点直线间距离之比为常数的所有点的集合。零件上圆孔特征在某一角度上的投影轮廓线、圆管零件上相贯线的近似画法等均以椭圆显示。

在"绘图"选项板中单击"椭圆"按钮右侧的黑色三角，系统将显示以下两种绘制椭圆的方式。

（1）指定圆心绘制椭圆。

指定圆心绘制椭圆即通过指定椭圆圆心、主轴的半轴长度和副轴的半轴长度绘制椭圆。单击"圆心"按钮，然后指定椭圆的圆心，并依次指定两个轴的半轴长度，即可完成椭圆的绘制，效果如图 7-26 所示。

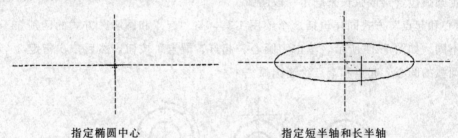

指定椭圆中心　　　　　　　　　　指定短半轴和长半轴

图 7-26　指定圆心绘制椭圆

（2）指定端点绘制椭圆。

该方法是 AutoCAD 中绘制椭圆的默认方法，只需在绘图区中直接指定椭圆的 3 个端点即可绘制出一个完整的椭圆。

单击"轴，端点"按钮，然后选取椭圆的两个端点，并指定另一半轴的长度，即可绘制出完整的椭圆，效果如图 7-27 所示。

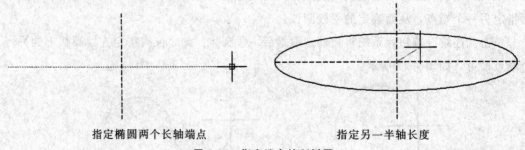

指定椭圆两个长轴端点　　　　　　　　指定另一半轴长度

图 7-27　指定端点绘制椭圆

2. 绘制椭圆弧

椭圆弧就是椭圆的部分弧线，只需指定圆弧的起始角和终止角即可。此外，在指定椭圆弧终止角时，可以在命令行中输入数值，或直接在图形中指定位置点定义终止角。

　　单击"椭圆弧"按钮，命令行将显示"指定椭圆的轴端点或［圆弧（A）/中心点（C）］："的提示信息。此时便可以按以上两种绘制方法首先绘制椭圆，之后再按照命令行提示的信息分别输入起始和终止角度，即可获得椭圆弧效果，如图 7-28 所示。

图 7-28　绘制椭圆弧

7.3.4　绘制与编辑样条曲线

　　样条曲线是经过或接近一系列给定点的光滑曲线，可以控制曲线与点的拟合程度。在机械绘图中，该类曲线通常用于表示区分断面的部分，还可以在建筑图中表示地形、地貌等。它的形状是一条光滑的曲面，并且具有单一性，即整个样条曲线是一个单一的对象。

1. 绘制样条曲线

　　样条曲线与直线一样都是通过指定获得的，不同的是样条曲线是弯曲的线条，并且线条可以是开放的，也可以是起点和端点重合的封闭样条曲线。

　　单击"样条曲线拟合"按钮，然后依次指定起点、中间点和终点，即可完成样条曲线的绘制，效果如图 7-29 所示。

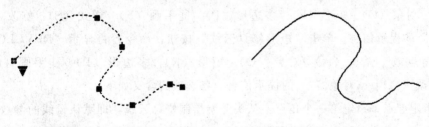

依次指定起点、中间点和终点　　　　　　　　　样条曲线效果

图 7-29　绘制样条曲线

2. 编辑样条曲线

　　在样条曲线绘制完成后，往往不能满足实际的使用要求，此时可以利用样条曲线的编辑工具对其进行编辑，以达到符合要求的样条曲线。

　　在"修改"选项板中单击"编辑样条曲线"按钮，系统将提示选取样条曲线。此时选取相应的样条曲线将显示命令行提示。提示中主要命令的功能及设置方法如下。

　　·闭合：选择该命令后，系统自动将最后一点定义为与第一点相同，并且在连接处相切，以使此样条曲线闭合。

• 拟合数据：输入字母 F 可以编辑样条曲线所通过的某些控制点。选择该命令后，将打开拟合数据命令提示，并且样条曲线上各控制点的位置均会以夹点形式显示。

• 编辑顶点：该命令可以将所修改样条曲线的控制点进行细化，以达到更精确地对样条曲线进行编辑的目的，如图 7-30 所示。

图 7-30　编辑顶点命令

• 转换为多段线：输入字母 P，并指定相应的精度值，即可将样条曲线转换为多段线。

• 反转：输入字母 R，可使样条曲线的方向相反。

7.3.5　绘制修订云线

利用"修订云线"工具可以绘制类似于云彩的图形对象。在检查或用红线圈阅图形时，可以使用云线来亮显标记，以提高工作效率。"修订云线"工具绘制的图形对象包括"矩形"、"多边形"和"徒手画"3 类。

在 AutoCAD "草图与注释"工作空间界面中，在"绘图"选项板中单击"修订云线"按钮，或单击"多边形修订云线"按钮 B，命令行将显示"REVCLOUD 指定起点或［弧长（A）/对象（O）/矩形（R）/多边形（P）/徒手画（F）/样式（S）/修改（M）］＜对象＞："的提示信息。单击"矩形修订云线"按钮，命令行将显示"REVCLOUD 指定第一个角点或［弧长（A）/对象（O）/矩形（R）/多边形（P）/徒手画（F）/样式（S）/修改（M）］＜对象＞："的提示信息。各选项的含义如下。

• 指定起点、指定第一个角点：从头开始绘制修订云线，即默认云线的参数设置。在绘图区指定一点为起始点，拖动鼠标将显示云线，当移至起点时自动与该点闭合，并退出云线操作。

• 弧长：指定云线的最小弧长和最大弧长，默认情况下弧长的最小值为 0.5 个单位，最大值不能超过最小值的 3 倍。

• 对象：可以选择一个封闭图形，如矩形、多边形等，并将其转换为云线路径。此时如果选择 N，则圆弧方向向外；如果选择 Y，则圆弧方向向内，效果如图 7-31 所示。

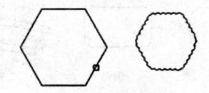

图 7-31　转换对象

· 样式：指定修订云线的方式，包括"普通"和"手"两种样式。

7.4　绘制矩形和多边形

矩形和正多边形同属于多边形，图形中所有线段并不是孤立的，而合成一个面域。这样在进行三维绘图时，无须执行面域操作，即可使用"拉伸"或"旋转"工具将该轮廓线转换为实体。

7.4.1　绘制矩形

在 AutoCAD 中，用户可以通过定义两个对角点或长度和宽度的方式来绘制矩形，同时可以设置其线宽、圆角和倒角等参数。在"绘图"选项板中单击"矩形"按钮，命令行将显示"指定第一个角点或［倒角（C）/标高（E）/圆角（F）/厚度（T）/宽度（W）］："的提示信息，其中各选项的含义如下。

· 指定第一个角点：在平面上指定一点后，指定矩形的另一个角点来绘制矩形，该方法是绘图过程中最常用的绘制方法。

· 倒角：绘制倒角矩形。在当前命令提示窗口中输入字母 C，按照系统提示输入第一个和第二个倒角距离，明确第一个角点和另一个角点，即可完成矩形绘制。其中，第一个倒角距离指的是沿 X 轴方向（长度方向）的距离，第二个倒角距离指的是沿 Y 轴方向（宽度方向）的距离。

· 标高：该命令一般用于三维绘图中，在当前命令提示窗口中输入字母 E，并输入矩形的标高，然后明确第一个角点和另一个角点即可。

· 圆角：绘制圆角矩形，在当前命令提示窗口中输入字母 F，然后输入圆角半径参数值，并明确第一个角点和另一个角点即可。

· 厚度：绘制具有厚度特征的矩形，在当前命令提示窗口中输入字母 T，然后输入厚度参数值，并明确第一个角点和另一个角点即可。

· 宽度：绘制具有宽度特征的矩形，在当前命令提示窗口中输入字母 W，然后输入宽度参数值，并明确第一个角点和另一个角点即可。

选择不同的选项可以获得不同的矩形效果，但都必须指定第一个角点和另一个角点，从而确定矩形的大小。如图 7-32 所示为执行多种操作获得的矩形效果。

| 指定角点 | 倒角 | 倒圆 | 厚度 | 宽度 |

图 7-32　矩形的各种样式

7.4.2　绘制正多边形

利用"正多边形"工具可以快速绘制 3～1 024 边的正多边形，其中包括等边三角形、正方形、五边形和六边形等。在"绘制"选项板中单击"多边形"按钮，即可按照以下 3 种方法绘制正多边形。

1. 内接圆法

利用内接圆法绘制多边形时，是由多边形的中心到多边形的顶点间的距离相等的边组成，也就是整个多边形位于一个虚构的圆中。

单击"多边形"按钮，然后设置多边形的边数，并指定多边形中心。接着选择"内接于圆"选项，并设置内接圆的半径值，即可完成多边形的绘制，如图 7-33 所示。

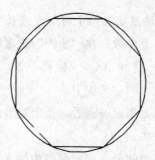

图 7-33　用内接圆法绘制正八边形

2. 外切圆法

利用外切圆法绘制正多边形时，所输入的半径值是多边形的中心点至多边形任意边的垂直距离。

单击"多边形"按钮，然后输入多边形的边数，并指定多边形的中心点，接下来选择"外切于圆"选项，设置外切圆的半径值即可，如图 7-34 所示。

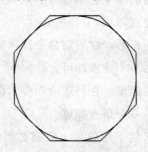

图 7-34　用外接圆法绘制正八边形

3. 边长法

　　设定正多边形的边长和一条边的两个端点，同样可以绘制出正多边形。该方法与上述介绍的方法类似，在设置完多边形的边数后输入字母 E，可以直接在绘图区指定两点或指定一点后输入边长值即可绘制出所需的多边形。图 7-35 所示为分别选取三角形一条边上的两个端点，绘制以该边为边长的正八边形。

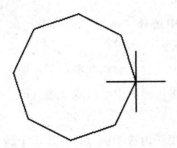

图 7-35　用边长法绘制正八边形

7.4.3　绘制区域覆盖

　　区域覆盖是在现有的对象上生成一个空白区域，用于覆盖指定区域或要在指定区域内添加注释。该区域与区域覆盖边框进行绑定，用户可以打开区域进行编辑，也可以关闭区域进行打印操作。

　　在"绘图"选项板中单击"区域覆盖"按钮，命令行将显示"指定第一点或［边框（F）/多段线（P）］＜多段线＞："的提示信息，其中各选项的含义及设置方法分别介绍如下。

　　•边框：绘制一个封闭的多边形区域，并使用当前的背景色遮盖被覆盖的对象。默认情况下可以通过指定一系列控制点来定义区域覆盖的边界，并可以根据命令行的提示信息对区域覆盖进行编辑，确定是否显示区域覆盖对象的边界。若选择"开（ON）"选项则可以显示边界；若选择"关（OFF）"选项，则可以隐藏绘图窗口中所要覆盖区域的边界。两种方式的对比效果如图 7-36 所示。

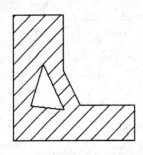
显示覆盖区域边界

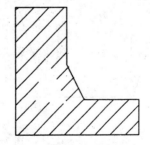
隐藏覆盖区域边界

图 7-36　边框的显示与隐藏效果

• 多段线：该方式是使用原有的封闭多段线作为区域覆盖对象的边界。当选择一个封闭的多段线时，命令行将提示是否要删除原对象，输入 Y，系统将删除用于绘制区域覆盖的多段线，输入 N 则保留该多段线。

7.4.4 应用案例

绘制如图 7-38 所示的图形。

（1）在"功能区"选项板中选择"常用"选项卡，在"绘图"面板中单击"正多边形"按钮，执行 POLYGON 命令。

（2）在命令行的"输入边的数目<4>："提示下，输入正多边形的边数 5。

（3）在命令行的"指定正多边形的中心点或 ［边（E）］："提示下，指定正多边形的中心点为（210，160）。

（4）在命令行的"输入选项 ［内接于圆（I）/外切于圆（C）］<I>："提示下，按回车键，选择默认选项 I，使用内接于圆方式绘制正五边形。

（5）在命令行提示下，指定圆的半径为 300，然后按回车键，结果如图 7-37 所示。

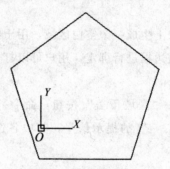

图 7-37 绘制五边形

（6）在"功能区"选项板中选择"常用"选项卡，在"绘图"面板中单击"直线"按钮，连接正五边形的顶点，结果如图 7-38 所示。

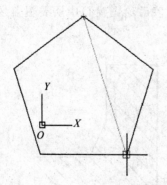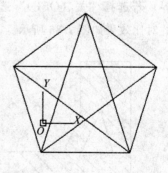

图 7-38 绘制直线

（7）选择正五边形，然后按 Delete 键，将其删除，如图 7-39 所示。

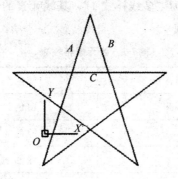

图 7-39　删除五边形

（8）在"功能区"选项板中选择"常用"选项卡，在"修改"面板中单击"修剪"按钮，选择直线 A 和 B 作为修剪边，然后单击直线 C，对其进行修剪。

（9）使用同样的方法修剪其他边，结果如图 7-40 所示。

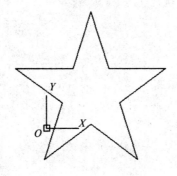

图 7-40　修剪图形

7.4.5　绘制区域覆盖

区域覆盖是在现有的对象上生成一个空白区域，用于覆盖指定区域或要在指定区域内添加注释。该区域与区域覆盖边框进行绑定，用户可以打开区域进行编辑，也可以关闭区域。

本章习题

1. 在 AutoCAD 2016 中，如何等分对象？

2. 根据本章所学的知识，是否能够绘制一个三维的带圆角的矩形？

3. 简述如何绘制一个椭圆。

4. 在 AutoCAD 2016 中，直线、射线和构造线各有什么特点？

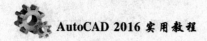

5. 在 AutoCAD 2016 中，绘制一个正多边形。

6. 定义多线样式，样式名为"多线样式 1"，其线元素的特性要求见表 7-2，并在多线的起始点和终止点处绘制外圆弧。

表 7-2 线元素特性表

序号	偏移量	颜色	线型
1	5	白色	BYLAYER
2	2.5	绿色	DASHED
3	−2.5	绿色	DASHED
4	−5	白色	BYLAYER

第8章 编辑二维图形

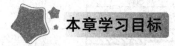

本章学习目标

· 熟悉图形编辑的方法和步骤。
· 掌握复杂二维图形的编辑方法。
· 熟练掌握图形图案的相关填充。

8.1 编辑图形

在 AutoCAD 中执行编辑操作，通常情况下需要首先选择编辑的对象，然后再进行相应的编辑操作。这样所选择的对象便将构成一个集合，称为选择集。用户可以用一般的方法进行选择，也可以使用夹点工具对图形进行简单的编辑。在构造选择集的过程中，被选中的对象一般以虚线显示。

8.1.1 选择二维图形对象

1. 构造选择集

通过设置选择集的各个选项，用户根据自己的使用习惯对 AutoCAD 拾取框、夹点显示以及选择视觉效果等方面的选项进行详细的设置，从而提高选择对象时的准确性和速度，达到提高绘图效率和精确度的目的。

在命令行中输入 OPTIONS 指令，按下回车键打开"选项"对话框，然后在该对话框中选中"选择集"选项卡。

"选择集"选项卡中各选项组的含义如下。

（1）拾取框和夹点大小。

拾取框就是十字光标中部用于确定拾取对象的方形图框。夹点是图形对象被选中后处于对象端部、中点或控制点等处的矩形或圆锥形实心标识。通过拖动夹点，即可对图形对象的长度、位置或弧度等进行手动调整。其各自的大小都可以通过该选项卡中的相应选项进行详细的调整。

①调整拾取框大小。

进行图形的点选时，只有处于拾取框内的图形对象才可以被选取。因此，在绘制较为简单的图形时，可以将拾取框调大，以便于图形对象的选取；反之，绘制复杂图形对象时，适当地调小拾取框的大小，可以避免图形对象的误选取。

在"拾取框大小"选项组中拖动滑块，即可改变拾取框的大小，并且在拖动滑块的过程中，其左侧的调整框预览图标将动态显示调整框的实时大小，效果如图 8-1 所示。

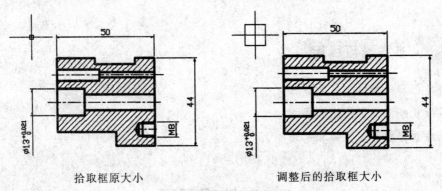

拾取框原大小   调整后的拾取框大小

图 8-1 调整拾取框大小效果

②调整夹点大小。

夹点不仅可以标识图形对象的选取情况，还可以通过拖动夹点的位置对选取的对象进行相应的编辑。但需要注意的是：夹点在图形中的显示大小是恒定不变的，也就是说当选择的图形对象被放大或缩小时，只有对象本身的显示比例被调整，而夹点的大小不变。

利用夹点编辑图形时，适当地将夹点调大可以提高选取夹点的方便性。此时如果图形对象较小，夹点出现重叠的现象，采用将图形放大的方法即可避免该现象的发生。夹点的调整方法与拾取框大小的调整方法相同，如图 8-2 所示。

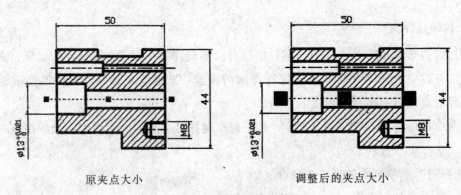

原夹点大小   调整后的夹点大小

图 8-2 调整夹点大小效果

（2）选择集预览。

选择集预览就是当光标的拾取框移动到图形对象上时，图形对象以加粗或虚线的形式显示为预览效果。通过启用该选项组中的两个复选框，可以调整图形预览与工具之间的关联方式，或利用"视觉效果设置"按钮，对预览样式进行详细的调整。

①命令处于活动状态时。

启用"命令处于活动状态时"复选框后，只有当某个命令处于激活状态，并且命令提示行中显示"选取对象"提示时，将拾取框移动到图形对象上，该对象才会显示选择预览。

②未激活任何命令时。

"未激活任何命令时"复选框的作用与上述复选框相反，启用该复选框后，只有没有任何命令处于激活状态时，才可以显示选择预览。

③视觉效果设置。

选择集的视觉效果包括选取区域的颜色、透明度等。用户可以根据个人的使用习惯进行相应的调整。单击"视觉效果设置"按钮，将打开"视觉效果设置"对话框。

"视觉效果设置"对话框中各选项组的功能如下。

• "选择区域效果"：在进行多个对象的选取时，采用区域选择的方法可以大幅度地提高对象选取的效率。用户可以通过设置该选项组中的各选项，调整选择区域的颜色、透明度以及区域显示的开、闭情况。

• "选择集预览过滤器"：指定从选择集预览中排除的对象类型。

（3）选择集模式。

"选择集"选项卡的"选择集模式"选项组中包括 6 种用于定义选择集和命令之间的先后执行顺序、选择集的添加方式以及在定义与组或填充对象有关选择集时的各类详细设置。

①先选择后执行。

启用该复选框，可以定义选择集与命令之间的先后次序。启用该复选框后，即表示需要先选择图形对象再执行操作，被执行的操作对之前选择的对象产生相应的影响。

如利用"偏移"工具编辑对象时，可以先选择要偏移的对象，再利用"偏移"工具对图形进行偏移操作。这样可以在调用修改工具并选择对象后省去按回车键的操作，简化操作步骤。但是并非所有命令都支持"先选择后执行"模式。例如"打断"、"圆角"和"倒角"等命令，这些命令需要先激活工具再定义选择集。

②用 Shift 键添加到选择集。

该复选框用于定义向选择集中添加图形对象时的添加方式。默认情况下，该复选框处于禁用状态。此时要向选择集中添加新对象时，直接选取新对象即可。当启用该复选框后，将激活一个附加选择方式，即在添加新对象时，需要按住 Shift 键才能将多个图形对象添加到选择集中。

如果需要取消选择集中的某个对象，无论在两种模式中的任何一种模式下，按住 Shift 键选取该对象即可。

• 对象编组：启用该复选框后，选择组中的任意一个对象时，即可选择组中的所有对象。将 PICKSTYLE 系统变量设置为 1 时可以设置该选项。

• 关联图案填充：主要用在选择填充图形的情况。当启用该复选框时，如果选择关联填充的对象，则填充边界的对象也被选中。将 PICKSTYLE 系统变量设置为 2 时可以设置该选项。

• 隐含选择窗口中的对象：当启用该复选框后，可以在绘图区用鼠标拖动或用定义对角点的方式定义选择区域，进行对象的选择。当禁用该复选框后，则无法使用定义选择区域的方式定义选择对象。

• 允许按住并拖动对象：该复选框用于定义选择窗口的定义方式。当启用该复选框后，单击鼠标指定窗口的一点后按住左键并拖动，在第二点位置松开即可确定选择窗口的大小和位置。当禁用该复选框后，需要在选择窗口的起点和终点分别单击，才能定义出选择窗口的大小和位置。

2. 选取对象方式

在 AutoCAD 中，针对图形对象的复杂程度或选取对象数量的不同，有多种选择对象的方法，可以分为点选或区域选取两种方式。下面将介绍几种常用的对象选择方法。

（1）直接选取。

直接选取方法也称为点取对象，是最常用的对象选取方法。用户可以直接将光标拾取框移动到需要选取的对象上，然后单击，即可完成对象的选取操作，如图 8-3 所示。

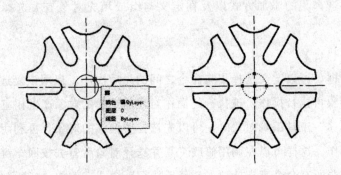

图 8-3　直接选取

（2）窗口选取。

窗口选取是以指定对角点的方式定义矩形选取范围的一种选取方法。使用该方法选取对象时，只有完全包含在矩形框中的对象才会被选取，而只有一部分进入矩形框的对象将不会被选取。

采用窗口选取方法时，可以先单击确定第一个对角点，然后向右侧移动鼠标，选取区域将以实现矩形的形式显示，单击确定第二个对角点后，即可完成窗口选取。如图 8-4 所示为先选取 A 点再选取 B 点后图形对象的选择效果。

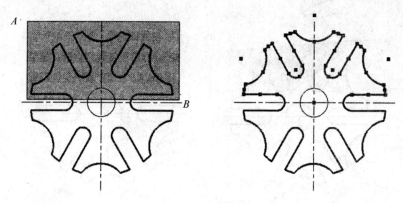

图 8-4　窗口选取

（3）交叉窗口选取。

在交叉窗口模式下，用户无须将需要选择的对象全部包含在矩形中，即可选取该对象。交叉窗口选取与窗口选取模式相似，只是在定义选取窗口时有所不同。

交叉选取是在确定第一点后，向左侧移动鼠标，选取区域显示为一个虚线矩形框，再单击确定第二点，即第二点在第一点的左边。此时完全或部分包含在交叉窗口中的对象均被选中。如图 8-5 所示为先确定 A 点再确定 B 点的选择效果。

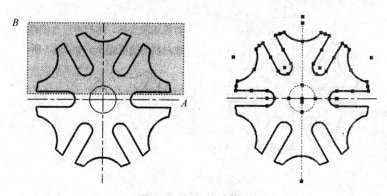

图 8-5　交叉窗口选取

（4）不规则窗口选取。

不规则窗口选取是以指定若干点的方式通过定义不规则形状的区域来选择对象，包括圈围和圈交两种选择方式。圈围多边形窗口只选择完全包含在内的对象，而圈交多边形窗口可以选择包含在内或相交的对象。两者间的区别与窗口选取和交叉窗口选取间的区别很相似。

在命令行中输入 SELECT 指令，按回车键后输入"?"，然后根据命令行提示输入 WP 或 CP，通过定义端点的方式，在绘图区绘制出用于选取对象的多边形区域，并按下回车键即可选取对象，效果如图 8-6 所示。

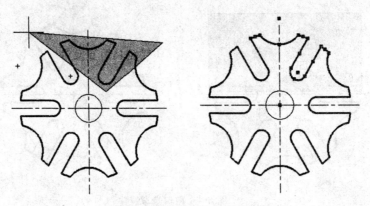

图 8-6　不规则窗口选取对象

（5）栏选选取。

使用该选取方式能够以画链的方式选择对象。所绘制的线链可以由一段或多段直线组成，所有与其相交的对象均被选择。

在命令行中输入 SELECT 指令，按下回车键后输入"?"，然后根据命令提示输入字母 F，在需要选择对象处绘制出线链，并按回车键即可选取对象，效果如图 8-7 所示。

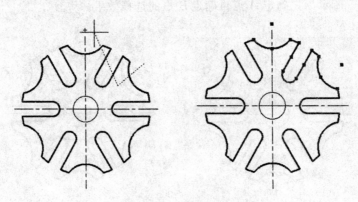

图 8-7　栏选取对象

（6）快速选择。

快速选择是根据对象的图层、线型、颜色和图案填充等特性或类型来创建选择集，从而使用户可以准确地从复杂的图形中快速地选择满足某种特性要求的图形对象。

在命令行中输入 QSELECT 指令，并按回车键，将打开"快速选择"对话框，在该对话框中指定对象应用的范围、类型以及欲指定类型相对于的值等选项后，单击"确定"按钮，即可完成对象的选择。

8.1.2　复制对象

在 AutoCAD 中，零件图上的轴类或盘类零件往往具有对称结构，并且这些零件上的孔特征又常常是均匀分布的，此时便可以利用相关的复制工具，以现有的图形对象为源对象，绘制出与源对象相同或相似的图形，从而简化绘制具有重复性或近似性特点图形的绘图步骤，以达到提高绘图效率和绘图精度的目的。

1. 复制图形

复制工具主要用于具有两个或两个以上重复图形，并且各重复图形的相对位置不存在一定规律性图形的绘制。该工具是 AutoCAD 绘图中的常用工具，复制操作可以省去重复绘制相同图形的步骤，大大提高了绘图效率。

在"修改"选项板中单击"复制"按钮，选取需要复制的对象后指定复制基点，然后指定新的位置点即可完成复制操作，效果如图 8-8 所示。

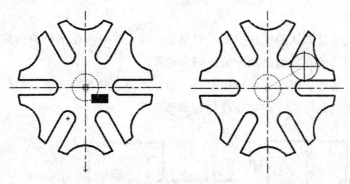

图 8-8　复制圆轮廓线

此外，用户还可以单击"复制"按钮，选取对象并指定复制基点后，在命令行中输入新位置点相对于移动基点之间的相对坐标值，来确定复制目标点。

2. 镜像图形

该工具常用于结构规则，且具有对称特点的图形绘制，如轴、轴承座和槽轮等零件图形。绘制这类对称图形时，只需绘制对象的一半或几分之一，然后将图形对象的其他部分对称复制即可。

在绘制该类图形时，可以先绘制出处于对称中线一侧的图形轮廓线。然后在"修改"选项板中单击"镜像"按钮选取绘制的图形轮廓线为源对象后右击，接下来指定对称中心线上的两点以确定镜像中心线，按下回车键即可完成镜像操作，效果如图 8-9 所示。

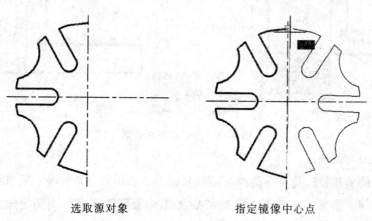

选取源对象　　　　　　　　　指定镜像中心点

图 8-9　镜像视图

默认情况下，对图形直线镜像操作后，系统仍然保留源对象。如果对图形进行镜像操作后需要将源对象删除，只需在选取源对象并指定镜像中心线后，在命令行中输入字母Y，然后按下回车键，即可完成删除源对象的镜像操作。

3. 偏移图形

利用"偏移图形"工具可以创建出与源对象有一定距离并且形状相同或类似的新对象。对于直线而言，可以绘制出与其平行的多个相同副本对象；对于圆、椭圆、矩形以及由多段线围成的图形而言，则可以绘制出一定偏移距离的同心圆或近似的图形。

（1）定距偏移。

该偏移方式是系统默认的偏移类型。它是根据输入的偏移距离数值为偏移参照，指定的方向为偏移方向，偏移复制出源对象的副本对象。

单击"偏移"按钮，根据命令行提示输入偏移距离，并按回车键，然后选取图中的源对象，在对象的偏移侧单击，即可完成定距偏移操作，如图 8-10 所示。

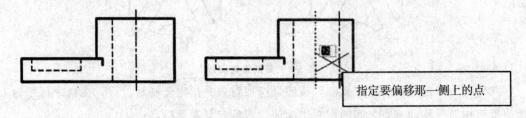

图 8-10　定距偏移效果

（2）通过点偏移。

该偏移方式能够以图形中现有的端点、各节点、切点等点对象为源对象的偏移参照，对图形执行偏移操作。

单击"偏移"按钮，在命令行中输入字母 T，并按下回车键，然后选取图中的偏移源对象后指定通过点，即可完成该偏移操作，如图 8-11 所示。

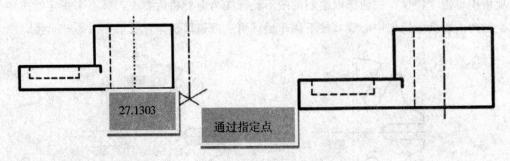

图 8-11　通过点偏移效果

（3）删除源对象偏移。

系统默认的偏移操作是在保留源对象的基础上偏移出新图形对象。但如果仅以源图形对象为偏移参照，偏移出新图形对象后需要将源对象删除，则可利用删除源对象偏移的方法。

单击"偏移"按钮，在命令行中输入字母 E，并根据命令行提示输入字母 Y 后按回车键。然后按上述偏移操作进行图形偏移即可将源对象删除，效果如图 8-12 所示。

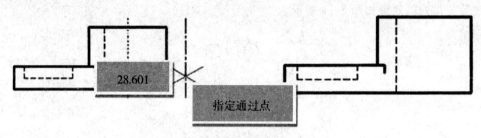

图 8-12　删除源对象偏移

（4）变图层偏移

默认情况下对对象进行偏移操作时，偏移出新对象的图层与源对象的图层相同。通过变图层偏移操作，可以将偏移出的新对象图层转换为当前层，从而可以避免修改图层的重复性操作，大幅度地提高绘图速度。

先将所需图层置为当前层，单击"偏移"按钮，在命令行中输入字母 L，根据命令提示输入字母 C 并按回车键，然后按上述偏移操作进行图形偏移，偏移出的新对象图层即与当前图层相同。

4. 阵列图形

使用"阵列图形"工具可以按照矩形、路径或环形的方式，以定义的距离或角度复制出源对象的多个对象副本。在绘制孔板、法兰等具有均布特征的图形时，利用该工具可以大量减少重复性图形的绘制操作，并提高绘图准确性。

（1）矩形阵列。

矩形阵列是以控制行数、列数以及行和列之间的距离或添加倾斜角度的方式，使选取的阵列对象以矩形的方式进行阵列复制，从而创建出源对象的多个副本对象。

在"修改"选项板中单击"矩形阵列"按钮，并在图中选取源对象后按回车键，然后根据命令行的提示，输入字母 COU，并依次设置矩形阵列的行数和列数。接着输入字母 S，并依次设置行间距和列间距。最后按回车键即可创建矩形阵列特征，效果如图 8-13 所示。

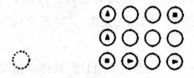

图 8-13　矩形阵列效果

（2）路径阵列。

在路径阵列中，阵列的对象将均匀地沿路径或部分路径排列。在该方式中，路径可以是直线、多段线、三维多段线、样条曲线、圆弧、圆或椭圆等。

在"修改"选项板中单击"路径阵列"按钮，并依次选取绘图区中的源对象和路径曲线，然后根据命令行的提示设置沿路径的项数，并输入字母 D，则源对象将沿路径均匀地定数等分排列，效果如图 8-14 所示。

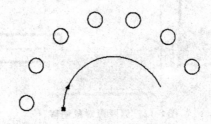

图 8-14　路径阵列效果

（3）环形阵列。

环形阵列能够以任一点为阵列中心点，将阵列源对象按圆周或扇形的方向，以指定的阵列填充角度、项目数目或项目之间的夹角阵列值进行源图形的阵列复制。该阵列方法经常用于绘制具有圆周均布特征的图形。

在"修改"选项板中单击"环形阵列"按钮，并依次选取绘图区中的源对象和阵列中心点，将打开"环形阵列类型"的"阵列创建"选项卡，环形阵列效果如图 8-15 所示。

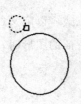
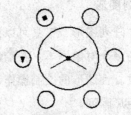

图 8-15　环形阵列效果

在"环形阵列类型"的"阵列创建"选项卡中，用户可以通过设置环形阵列的项目、项目间角度和填充角度来完成环形阵列的操作，具体如下。

①项目总数和填充角度。

在已知图形中阵列项目的个数以及所有项目所分布弧形区域的总角度时，可以通过设置这两个参数来进行环形阵列的操作。

选取源对象和阵列中心点后，在"阵列创建"选项卡中分别指定"项目数"（阵列项目的数目）以及"填充"（总的阵列填充角度），即可完成环形阵列的操作。

②项目总数和项目间的角度。

该方式可以精确快捷地绘制出已知各项目间具体夹角和数目的图形对象。选取源对象和阵列中心点后，在"阵列创建"选项卡中分别指定"项目数"（阵列项目的数目）以及"介于"（项目间的角度），即可完成阵列的复制操作。

③填充角度和项目间的角度。

该方式是以指定总填充角度和相邻项目间夹角的方式定义出阵列项目的具体数量，进行源对象的环形阵列操作（其操作方法同前面介绍的环形阵列操作方法相同）。

8.1.3 调整对象位置

移动、旋转和缩放工具都是在不改变被编辑图形具体形状的基础上对图形的放置位置、角度以及大小进行重新调整，以满足最终的设计要求。该类工具常用于在装配图或将图块插入图形的过程中，对单个零部件图形或块的位置和角度进行调整。

1. 移动和旋转图形

移动和旋转操作都是对象的重定位操作，两者的不同之处在于：前者是对图形对象的位置进行调整，方向和大小不变；后者是对图形对象的方向进行调整，位置和大小不变。

（1）移动操作。

该操作可以在指定的方向上按指定的距离移动对象，在指定移动基点、目标点时，不仅可以在图中拾取现有点作为移动参照，还可以利用输入坐标值的方法定义出参照点的具体位置。

单击"移动"按钮，选取要移动的对象并指定基点，然后根据命令行提示指定第二个点或输入相对坐标来确定目标点，即可完成移动操作，如图 8-16 所示。

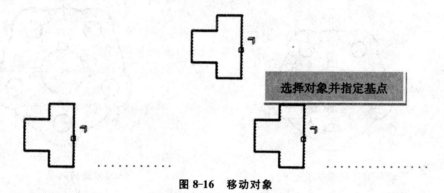

选择对象并指定基点

图 8-16 移动对象

（2）旋转操作。

旋转是指将对象绕指定点旋转任意角度，从而以旋转点到旋转对象之间的距离和指定的旋转角度为参照，调整图形的放置方向和位置。

①一般旋转。

一般旋转方法旋转图形对象，原对象将按指定的旋转中心和旋转角度旋转至新位置，并且不保留对象的原始副本。

单击"旋转"按钮，选取旋转对象并指定旋转基点，然后根据命令行提示输入旋转角度，按下回车键，即可完成旋转对象操作，如图 8-17 所示。

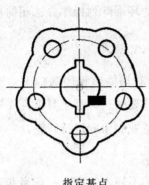

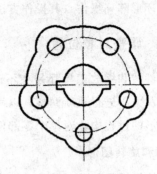

指定基点　　　　　　　　　　　　移动效果

图 8-17　旋转对象

②复制旋转。

使用"复制旋转"方法旋转时，不仅可以将对象的放置方向调整一定的角度，还可以在旋转出新对象的同时，保留原对象图形，可以说该方法集旋转和复制操作于一体。

按照上述相同的旋转操作方法指定旋转基点后，在命令行中输入字母 C，然后指定旋转角度，按下回车键，即可完成复制旋转操作，如图 8-18 所示。

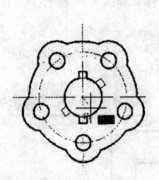
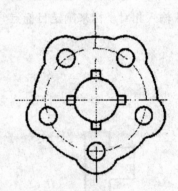

选取旋转对象并指定基点　　　　　　　复制旋转效果

图 8-18　复制旋转

2. 缩放图形

利用该工具可以将图形对象以指定的缩放基点为缩放参照，放大或缩小一定比例，创建出与源对象成一定比例且形状相同的新图形对象。在 AutoCAD 中，比例缩放可以分为以下 3 种缩放类型。

（1）参数缩放。

该缩放类型可以通过指定缩放比例因子的方式，对图形对象进行放大或缩小。当输入的比例因子大于 1 时将放大对象，小于 1 时将缩小对象。

单击"缩放"按钮，选择缩放对象并指定缩放基点，然后在命令行中输入比例因子，按回车键即可，如图 8-19 所示。

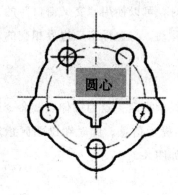

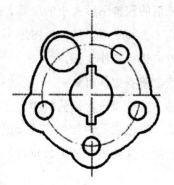

图 8-19　缩放图形

（2）参照缩放。

该缩放方式是以指定参照长度和新长度的方式，由系统自动计算出两长度之间的比例数值，从而定义出图像的缩放因子，对图形进行缩放操作。当参照长度大于新长度时，图形将被缩小；反之将对图形执行放大操作。

按照上述方法指定缩放基点后，在命令行中输入字母 R，并按下回车键，然后根据命令行提示一次定义出参照长度和新长度，按回车键即可完成参照缩放操作，如图 8-20所示。

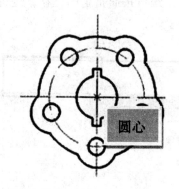

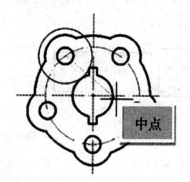

图 8-20　参照缩放

（3）复制缩放。

该缩放类型可以在保留原图形对象不变的情况下，创建出满足缩放要求的新图形对象。利用该方法进行图形的缩放基点后，需要在命令行中输入字母 C，然后利用设置缩放参数或参照的方式定义图形的缩放因子，即可完成复制缩放操作。

8.1.4　调整对象形状

拉伸和拉长工具以及夹点应用的操作原理比较相似，都是在不改变现有图形位置的情况下对单个或多个图形进行拉伸或缩减，从而改变被编辑对象的整体大小。

1. 拉伸图形

执行拉伸操作能够将图形中的一部分拉伸、移动或变形，而其余部分则保持不变，是一种十分灵活的调整图形大小的工具。选取拉伸对象时，可以使用"交叉窗口"的方式选取对象，其中全部处于窗口中的图形不做变形而只做移动，与选择窗口边界相交的对象将按移动的方向进行拉伸变形。

（1）指定基点拉伸对象。

该拉伸方式是系统默认的拉伸方式，按照命令行提示指定一点为拉伸点，命令行将显示"指定第二个点或＜使用第一个点作为位移＞"的提示信息。此时在绘图区指定第二点，系统将按照这两点间的距离执行拉伸操作，效果如图 8-21 所示。

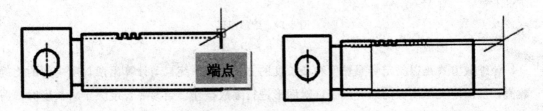

图 8-21　指定基点拉伸对象

（2）指定位移拉伸对象。

该拉伸方式是指将对象按照指定的位移量进行拉伸，而其余部分并不改变。选取拉伸对象后，输入字母 D，然后输入位移量并按下回车键，系统将按照指定的位移量进行拉伸操作，效果如图 8-22 所示。

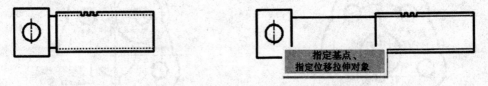

图 8-22　指定位移拉伸对象

2. 拉长图形

在 AutoCAD 中，拉伸和拉长工具都可以改变对象的大小，所不同的是拉伸操作可以一次框选多个对象，不仅改变对象的大小，同时改变对象的形状；而拉长操作只改变对象的长度，并且不受边界的局限。可以拉长的对象包括直线、弧线和样条曲线等。

单击"拉长"按钮，命令行将提示"选取对象或［增量（DE）/百分数（P）/全部（T）/动态（DY）］"的提示信息。此时指定一种拉长方式，并选取要拉长的对象，即可以该方式进行相应的拉长操作。各类拉长方式的设置方法如下。

（1）增量。

以指定的增量修改对象的长度，并且该增量从距离选择点最近的端点处开始测量。在命令行中输入字母 DE，命令行将显示"输入长度增量或［角度（A）＜0.0000＞］"的提示信息。此时，输入长度值并选取对象，系统将以指定的增量修改对象的长度，效果如图 8-23 所示。

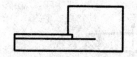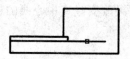

图 8-23　增量拉长对象

（2）百分数。

以相对于原长度的百分比来修改直线或圆弧的长度，在命令行中输入字母 P，命令行将提示"输入长度百分数<100.0000>："的提示信息。此时如果输入参数值小于 100 则缩短对象，大于 100 则拉长对象，效果如图 8-24 所示。

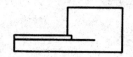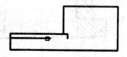

图 8-24　以百分数形式拉长对象

（3）全部。

通过指定从固定端点处测量的总长度的绝对值来设置选定对象的长度。在命令行中输入字母 T，然后输入对象的总长度，并选取要修改的对象。此时，选取的对象将按照设置的总长度相应地缩短或拉长，效果如图 8-25 所示。

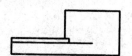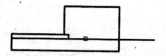

图 8-25　按输入的总长拉长对象

（4）动态。

允许动态地改变直线或圆弧的长度，该方式通过拖动选定对象的端点之一来改变其长度，并且其他端点保持不变。在命令行中输入字母 DY，并选取对象，然后拖动光标，对象将随之拉长或缩短。

3. 应用夹点

当选取某一图形对象时，对象周围将出现蓝色的方框，即为夹点。在编辑零件图时，有时不需要启用某个命令，却获得和该命令一样的编辑效果，此时可以通过夹点的编辑功能，快速调整图形的形状。如拖动夹点调整辅助线的长度，拖动孔对象的夹点进行快速复制，从而获得事半功倍的效果。

（1）使用夹点拉伸对象。

在拉伸编辑模式下，当选取的夹点是线条端点时，可以拉伸或缩短对象。如果选取的夹点是线条的中点、圆或圆弧的圆心，或者块、文字、尺寸数字等对象时，则只能移动对象。

如图 8-26 所示，选取一条中心线将显示其夹点，然后选取底部夹点，并打开正交功

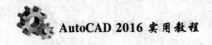

能，向下拖动即可改变竖直中心线的长度。

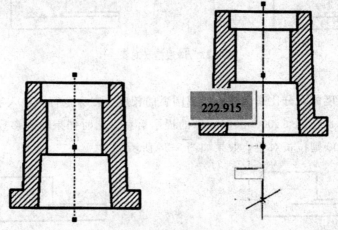

图 8-26 拖动夹点拉伸中心线长度

（2）使用夹点移动和复制对象。

夹点移动模式可以编辑单元对象或一组对象，利用该模式可以改变对象的放置位置，而不改变其大小和方向。如果在移动时按住 Ctrl 键，则可以复制对象。

如图 8-27 所示，选取一个圆轮廓将显示其夹点，然后选取圆心处夹点，并输入 MO 进入移动模式。接着按住 Ctrl 键选取圆心处夹点，向右拖动至合适位置单击，即可复制一个圆。

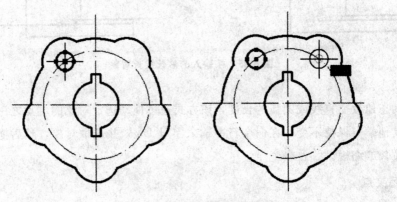

图 8-27 利用夹点编辑复制圆

（3）使用夹点旋转对象。

用户可以使对象绕基点旋转，并能够编辑对象的旋转方向。在夹点编辑模式下指定基点后，输入字母 RO 即进入旋转模式，旋转的角度可以通过输入角度值精确定位，也可以通过指定点位置来实现。

如图 8-28 所示，框选一个图像，并指定一个基点，然后输入字母 RO 进入旋转模式，并输入旋转角度为 45°，即可旋转所选图形。

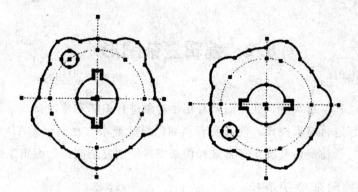

图 8-28　利用夹点旋转视图

（4）使用夹点缩放对象。

在夹点编辑模式下指定基点后，输入字母 SC 进入缩放模式，可以通过定义比例因子或缩放参照的方式缩放对象。当比例因子大于 1 时放大对象；当比例因子大于 0 而小于 1 时缩小对象，效果如图 8-29 所示。

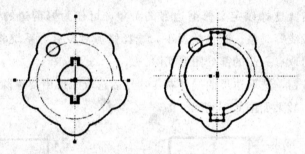

图 8-29　利用夹点缩放视图

（5）使用夹点镜像对象。

该夹点编辑方式是以指定两夹点的方式定义出镜像中心线，从而进行图形的镜像操作。利用夹点镜像图形时，镜像后既可以删除原对象，也可以保留原对象。

进入夹点编辑模式后指定一个基点，并输入字母 MI，进入镜像模式，此时系统将会以刚选择的基点作为镜像第一点，然后输入字母 C，并指定第二镜像点，接下来，按回车键即可在保留原对象的情况下镜像复制新对象，效果如图 8-30 所示。

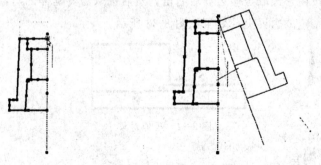

图 8-30　利用夹点镜像图形

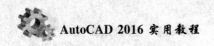

8.2 编辑复杂图形

在完成对象的基本绘制后，往往需要对相关对象进行编辑和修改操作，其中不乏对一些相对复杂的图形进行编辑操作，使其实现预期的设计要求。在 AutoCAD 中，用户可以通过修剪、延伸、创建倒角和圆角等常规操作来完成绘制复杂图形的编辑工作。

8.2.1 修剪和延伸图形

修剪和延伸工具的共同点都是以图形中现有的图形对象为参照，以两图形对象间的交点为切割点或延伸终点，对与其相交或成一定角度的对象进行去除或延伸操作。

1. 修剪图形

利用"修剪"工具可以以某些图元为边界，删除边界内的指定图元。利用该工具编辑图形对象时，首先需要选择以定义修剪边界的对象，可作为修剪边的对象包括直线、圆弧、圆、椭圆和多段线等对象。默认情况下，选择修剪对象后，系统将以该对象为边界，将修剪对象上位于拾取点一侧的部分图形切除。

单击"修剪"按钮，选取边界曲线并右击，然后选取图形中要去除的部分，即可将多余的图形对象去除，效果如图 8-31 所示。

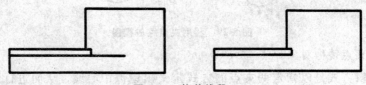

图 8-31 修剪线段

2. 延伸图形

延伸操作的原理与修剪相反，该操作是以现有的图形对象为边界，将其他对象延伸至该对象上。延伸对象时，如果按住 Shift 键的同时选取对象，则执行修剪操作。

单击"延伸"按钮，选取延伸边界后右击，然后选取需要延伸的对象，系统将自动将选取对象延伸至所指定的边界上，效果如图 8-32 所示。

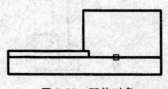

图 8-32 延伸对象

8.2.2 创建倒角

为了便于装配，并且保护零件表面不受损伤，一般在轴端、孔口、抬肩和拐角处加工出倒角（即圆台面），这样可以去除零件的尖锐刺边，避免刮伤。在 AutoCAD 中利用"倒角"工具可以很方便地绘制倒角结构造型，并且执行倒角操作的对象可以是直线、多段线、构造线、射线或三维实体。

1. 多段线倒角

若选择的对象是多段线，那么可以方便地对整体多段线进行倒角。在命令行中输入字母 P，然后选择多段线，系统将以当前倒角参数对多段线进行倒角操作。

2. 指定半径绘制圆角

该方式指以输入直线与倒角线之间的距离定义倒角。如果两个倒角距离都为零，那么倒角操作将修剪或延伸这两个对象，直到它们相接，但不创建倒角线。

在命令行中输入字母 D，然后依次输入两倒角距离，并分别选取两倒角边，即可获得倒角效果。如图 8-33 所示，依次指定两倒角距离均为 6，然后选取两倒角边，此时将显示相应的倒角效果。

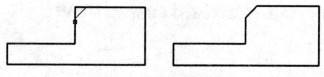

图 8-33　指定距离绘制倒角

3. 指定角度绘制倒角

该方式通过指定倒角的长度以及它与第一条直线形成的角度来创建倒角。在命令行中输入字母 A，然后分别输入倒角的长度和角度，并依次选取两对象即可获得倒角效果。

4. 指定是否修剪倒角

在默认情况下，对象在倒角时需要修剪，但也可以设置为保持不修剪的状态，在命令行中输入字母 T 后，选择"不修剪"选项，然后按照上面介绍的方法设置倒角参数即可，效果如图 8-34 所示。

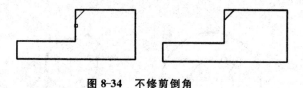

图 8-34　不修剪倒角

8.2.3　创建圆角

为了便于铸件造型时拔模，防止铁水冲坏转角处，并防止冷却时产生缩孔和裂缝，将铸件或锻件的转角处制成圆角，即铸造或锻造圆角。在 AutoCAD 中，圆角是指通过一个指定半径的圆弧来光滑地连接两个对象的特征，其中可以执行倒角操作的对象有圆弧、圆、椭圆、椭圆弧、直线等。此外，直线、构造线和射线在相互平行时也可以进行倒圆角

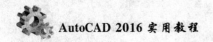

操作。

单击"圆角"按钮,命令行将显示"FILLET 选择第一个对象或〔放弃(U)/多段线(P)/半径(R)/修剪(T)/多个(M)〕:"的提示信息。下面将分别介绍常用圆角方式的设置方法。

1. 指定半径绘制圆角

该方法是绘图中最常用的创建圆角方式。选择"圆角"工具后,输入字母 R,并设置圆角半径值,然后依次选取两操作对象,即可获得圆角效果,如图 8-35 所示。

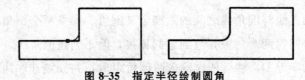

图 8-35 指定半径绘制圆角

2. 不修剪圆角

选择"圆角"工具后,输入字母 T 可以指定相应的圆角类型,即设置倒圆角后是否保留原对象,可以选择"不修剪"选项,获得不修剪的圆角效果。

8.2.4 打断工具

在 AutoCAD 中,用户可以使用打断工具使对象保持一定间隔,该类打断工具包括"打断"和"打断于点"两种类型。此类工具可以在一个对象上去除部分线段,创建出间距效果,或者以指定分割点的方式将其分割为两部分。

1. 打断

打断是删除部分或将对象分解成两部分,并且对象之间可以有间隙,也可以没有间隙。可以打断的对象包括直线、圆、圆弧、椭圆等。

单击"打断"按钮,命令行提示选取要打断的对象。当在对象上单击时,系统将默认选取对象时所选点作为断点 1,然后指定另一点作为断点 2,系统将删除这两点之间的对象,效果如图 8-36 所示。

图 8-36 打断圆

如果在命令行中输入字母 F,则可以重新定位第一点。在确定第二个打断点时,如果在命令行中输入"@",可以使第一个和第二个打断点重合,此时将变为打断于点。

另外,在默认情况下,系统总是删除从第一个打断点到第二个打断点之间的部分,并且在对圆和椭圆等封闭图形进行打断时，系统将按照逆时针方向删除从第一打断点到第二打断点之间的对象。

2. 打断于点

打断于点是打断命令的后续命令，它是将对象在一点处断开生成两个对象。一个对象在执行过打断于点命令后，从外观上并看不出什么差别。但当选取该对象时，可以发现该对象已经被打断成两个部分。

单击"打断于点"按钮，然后选取一个对象，并在该对象上单击指定打断点的位置，即可将该对象分割为两个对象。

8.2.5　合并与分解

在 AutoCAD 中，用户除了可以利用上面所介绍的工具对图形进行编辑操作以外，还可以对图形对象进行合并和分解，使其在总体形状不变的情况下对局部进行编辑。

1. 合并

合并是指将相似的对象合并为一个对象，可以执行合并操作的对象包括圆弧、椭圆、直线、多段线和样条曲线等。利用该工具可以将被打断为两部分的线段合并为一个整体，也可以利用该工具将圆弧或椭圆弧创建为完整的圆和椭圆。

单击"合并"按钮，然后按照命令行提示选取源对象。如果选取的对象是圆弧，命令行将提示选择圆弧，以合并到源或进行"闭合（L）"的提示信息。此时，选取需要合并的另一部分对象，按下回车键即可。如果在命令行中输入字母 L，系统将闭合对象，效果如图 8-37 所示。

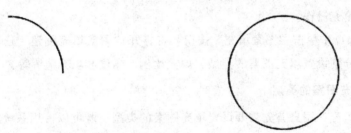

图 8-37　合并圆弧

2. 分解

对于矩形、块、多边形和各类尺寸标注等特征，以及由多个图形对象组成的组合对象，如果需要对单个对象进行编辑操作，就需要先利用"分解"工具将这些对象拆分为单个的图形对象，然后再利用相应的编辑工具进行进一步的编辑。

单击"分解"按钮，然后选取所要分解的对象特征，右击或者按下回车键即可完成分解操作，效果如图 8-38 所示。

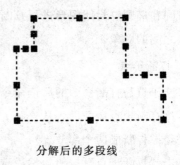

原多段线效果   分解后的多段线

图 8-38 分解多段线

8.3 图形图案的填充

在绘制图形时常常需要以某种图案填充一个区域，以此来形象地表达或区分物体的范围和特点以及零件剖面结构大小和所使用的材料等。这种称为"画阴影线"的操作，也被称为图案填充。该操作可以利用"图案填充"工具来实现，并且所绘阴影线既不能超出指定边界，也不能在指定边界内绘制不全或所绘阴影线过疏、过密。

8.3.1 创建图案填充

使用传统的手工方式绘制阴影线时，必须依赖绘图者的眼睛，并正确使用丁字尺和三角板等绘图工具，逐一绘制每一条线。这样不仅工作量大，而且角度和间距都不太精确，影响画面的质量。利用 AutoCAD 提供的"图案填充"工具，只需定义好边界，系统将自动进行相应的填充操作。

在 AutoCAD 中单击"图案填充"按钮，将打开"图案填充创建"选项卡。用户在该选项板中可以分别设置填充图案的类型、填充比例、角度和填充边界等。

1. 设定填充图案的类型

创建图案填充，用户首先需要设置填充图案的类型。既可以使用系统预定义的图案样式进行图案填充，也可以自定义一个简单的或创建更加复杂的图案样式进行图案填充。

在"特性"选项板的"图案填充类型"下拉列表中提供了 4 种图案填充类型，其各自的功能如下。

（1）实体。选择该选项，则填充图案为 SOLID（纯色）图案。

（2）渐变色。选择该选项，可以设置双色渐变的填充图案。

（3）图案。选择该选项，可以使用系统提供的填充图案样式（这些图案保存在系统的 acad.pat 和 acadiso.pat 文件中）。当选择该选项后，就可以在"图案"选项板的"图案填充图案"列表框中选择系统提供的图案类型，如图 8-39 所示。

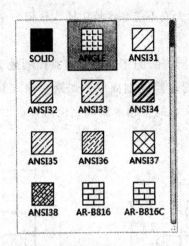

图 8-39　"图案填充图案"列表框

（4）用户定义。利用当前线型定义由一组平行线或相互垂直的两组平行线组成的图案。例如，在图 8-40 中选取该填充图案类型后，若在"特性"选项板中单击"交叉线"按钮，则填充图案将由平行线变为交叉线。

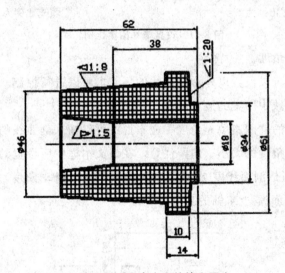

图 8-40　用户定义的填充图案

2. 设置填充图案的比例和角度

当指定好图形的填充图案后，用户还需要设置合适的比例和适合的剖面线旋转角度，否则所绘制剖面线的线与线之间的间距不是过疏就是过密。AutoCAD 提供的填充图案都可以调整比例因子和角度以便能够满足使用者的各种填充要求。

（1）设置剖面线的比例。

剖面线比例的设置直接影响到最终的填充效果。当用户处理较大的填充区域时，如果设置的比例因子太小，由于单位距离中有太多的线，则所产生的图案就像是使用实体填充的一样。这样不仅不符合设计要求，还增加了图形文件的容量。但如果使用了过大的填充比例，可能由于剖面线间距太大而不能在区域中插入任何一个图案，从而观察不到剖面线的效果。

在 AutoCAD 中，预定义剖面线图案的默认缩放比例是 1。若绘制剖面线时没有指定特殊值，系统将按照默认比例值绘制剖面线。如果要输入新的比例值，可以在"特效"选项板的"填充图案比例"文本框中输入新的比例值，以增大或减小剖面线的间距；如图 8-41 所示。

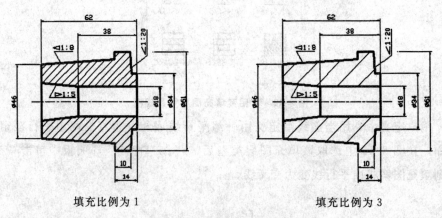

填充比例为 1   填充比例为 3

图 8-41　设置填充图案比例

（2）设置剖面线的角度。

除了剖面线的比例可以设置以外，剖面线的角度也可以进行控制。剖面线角度的数值大小直接决定了剖面区域中图案的放置方向。

在"特效"选项板的"图案填充角度"文本框中可以输入剖面线的角度数值，也可以拖动左侧的滑块来控制角度的大小（但要注意，在该文本框中所设置的角度并不是剖面线与 X 轴的倾斜角度，而是剖面线以 45°线方向为起始位置的转动角度）。如图 8-42 所示为设置角度为 0°，此时剖面线与 X 轴的夹角为 45°。

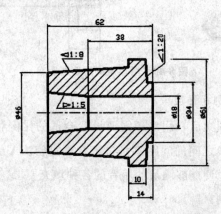

图 8-42　输入角度为 0°时的剖面线效果

当分别输入角度值为 45°和 90°时，剖面线将逆时针旋转至新的位置，它们与 X 轴的夹角将分别为 90°和 135°，如图 8-43 所示。

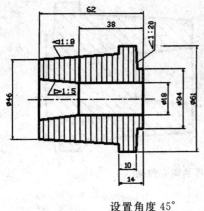

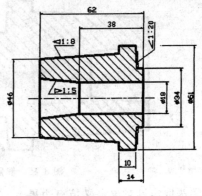

设置角度 45°　　　　　　　　　　　　设置角度 90°

图 8-43　设置不同角度时的剖面线效果

3. 指定填充边界

剖面线一般总是绘制在一个对象或几个对象所围成的区域中，如一个圆或一个矩形或几条线段或圆弧所围成的形状多样的区域，即剖面线的边界线必须是首尾相连的一条闭合线，并且构成图形对象的边界应在端点处相交。

在 AutoCAD 中，指定填充边界线主要有以下两种方法：

（1）在闭合区域中选取一点，系统将自动搜索闭合线的边界。

（2）通过选取对象来定义边界线。

①选取闭合区域定义填充边界。

在图形不复杂的情况下，经常通过在填充区域内指定一点来定义边界。此时，系统将寻找包含该点的封闭区域进行填充操作。

在"图案填充创建"选项卡中单击"拾取点"按钮，可以在要填充的区域内任意指定一点，软件以虚线形式显示该填充边界，效果如图 8-44 所示。如果拾取点不能形成封闭边界，则会显示错误提示信息。

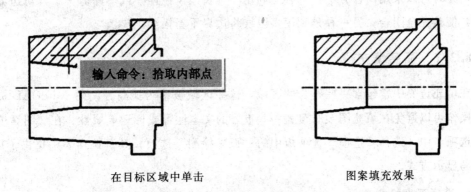

在目标区域中单击　　　　　　　　　　图案填充效果

图 8-44　拾取内部点填充图案

此外，在"边界"选项板中单击"删除边界对象"按钮，可以取消系统自动选取或用户所选的边界，将多余的对象排除在边界集之外，以形成新的填充区域，如图 8-45 所示。

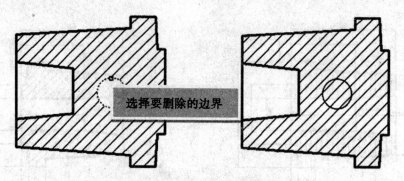

图 8-45   删除多余图形边界的填充效果

②选取边界对象定义填充边界。

该方式通过选取填充区域的边界线来确定填充区域。该区域仅为鼠标点选的区域，并且必须是封闭的区域，未被选取的边界不在填充区域内（这种方式常用在多个或多重嵌套的图形需要进行填充时）。

单击"选择边界对象"按钮，然后选取如图 8-46 所示的封闭边界对象，即可对对象所围成的区域进行相应的填充操作。

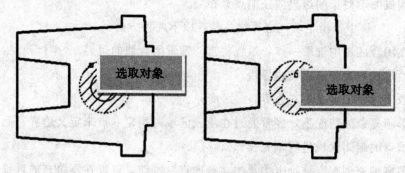

图 8-46   选取边界填充图案

注意：如果在指定边界时系统提示未找到有效的边界，则说明所选区域边界尚未完全封闭。此时可以采用两种方法：一种是利用"延长"、"拉伸"或"修剪"工具对边界重新修改，使其完全闭合；另一种是利用多段线将边界重新描绘。

8.3.2   孤岛填充

在填充边界中常包含一些闭合的区域，这些区域被称为孤岛。使用 AutoCAD 提供的孤岛操作可以避免在填充图案时覆盖一些重要的文本注释或标记等属性。在"图案填充创建"选项卡中，选择"选项"选项板中的"孤岛检测"选项，其下拉列表中提供了以下 3 种孤岛显示方式。

1. 普通孤岛检测

系统将从最外边界向里填充图案，遇到与之相交的内部边界时断开填充图案，遇到下一个内部边界时再继续填充，其效果如图 8-47 所示。

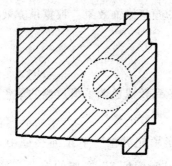

图 8-47　普通孤岛填充样式效果

2. 外部孤岛检测

"外部孤岛检测"选项是系统的默认选项，选择该选项后，AutoCAD 将从最外边向里填充图案，遇到与之相交的内部边界时断开填充图案，不再继续向里填充，如图 8-48 所示。

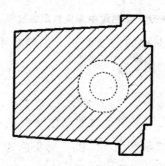

图 8-48　外部孤岛填充样式效果

3. 忽略孤岛检测

选择"忽略孤岛检测"选项后，AutoCAD 将忽略边界内的所有孤岛对象，所有内部结构都将被填充图案覆盖，效果如图 8-49 所示。

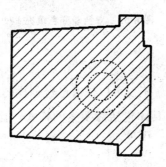

图 8-49　忽略孤岛填充样式效果

8.3.3　渐变色填充

在绘图时，有些图形在填充时需要用到一种或多种颜色（尤其在绘制装潢、美工等图纸时），这时需要用到"渐变色图案填充"功能。利用该功能可以对封闭区域进行适当的渐变色填充，从而实现比较好的颜色修饰效果。根据填充效果的不同，可以分为单色填充和双色填充两种填充方式。

1. 单色填充

单色填充指的是从较深着色到较浅色调平滑过渡的单色填充。通过设置角度和明暗数值可以控制单色填充的效果。

在"特征"选项板的"图案填充类型"下拉列表框中选择"渐变色"选项，并设置"渐变色 1"的颜色，然后单击"渐变色 2"左侧的按钮，禁用"渐变色 2"的填充。接下来，指定渐变色角度，设置单色渐变明暗的数值，并在"原点"选项板中单击"居中"按钮，此时选取填充区域，即可完成单色居中填充，如图 8-50 所示。

图 8-50　单色居中渐变色填充效果

注意："居中"按钮用于指定对称的渐变配置，如果禁用该功能，渐变填充将朝左上方变化，创建的光源在对象左边的图案。

2. 双色填充

双色填充是指定在两种颜色之间平滑过渡的双色渐变填充效果。要创建双色填充，只需在"特征"选项板中分别设置"渐变色 1"和"渐变色 2"的颜色类型，然后设置填充参数，并拾取填充区域内部的点即可。若启用"居中"功能，则渐变色 1 将向渐变色 2 居中显示渐变效果，如图 8-51 所示。

图 8-51　双色渐变色填充

8.3.4　编辑填充的图案

通过执行编辑填充图案操作，不仅可以修改已经创建的填充图案，还可以指定一个新的图案替换以前生成的图案。它具体包括对图案的样式、比例（或间距）、颜色、关联性以及注释性等选项的操作。

1. 编辑填充参数

在"修改"选项板中单击"编辑图案填充"按钮，然后在绘图区选择要修改的填充图案，即可打开"图案填充编辑"对话框。在该对话框中不仅可以修改图案、比例、旋转角度和关联性等设置，还可以修改、删除及重新创建边界（另外在"渐变色"选项卡中与此编辑情况相同）。

2. 编辑图案填充边界与可见性

图案填充边界除了可以由"图案填充编辑"对话框中的"边界"选项区域和孤岛操作编辑以外，用户还可以单独地进行边界定义。

在"绘图"选项板中单击"边界"按钮，将打开"边界创建"对话框，然后在该对话框的"对象类型"下拉列表中选择边界保留形式，并单击"拾取点"按钮，重新选取图案边界即可。

此外，图案填充的可见性是可以控制的。用户可以在命令行中输入 FILL 指令，将其设置为关闭填充显示，接下来按下回车键确认，然后，在命令行中输入 REGEN 指令对图形进行更新，效果如图 8-52 所示。

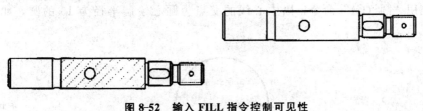

图 8-52　输入 FILL 指令控制可见性

8.4　应用案例——二维机械零件图绘制

机械制图是用图样确切表示机械的结构形状、尺寸大小、工作原理和技术要求的学科，而 AutoCAD 则是实现该目的的一种工具。使用 AutoCAD 绘制图形可以更加方便、快捷和精确地绘制机械图形。

本节以绘制如图 8-53 所示顶杆零件图为例，对绘制二维机械零件图的方法、技巧和应用进行进一步学习。

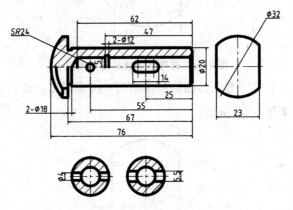

图 8-53　顶杆零件图

1. 新建文件

单击"快速访问"工具栏中的"新建"按钮，以"机械零件.dwt"外样板，新建文件。

2. 绘制左视图

（1）调用"图层特性（LA）"命令，新建图层。

（2）调用"直线（L）"命令，绘制中心线，如图 8-54 所示。

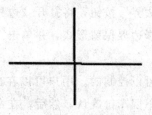

图 8-54　绘制中心线

（3）调用"圆（C）"命令，以中心线的交点为圆心绘制半径为 16 的圆，如图 8-55 所示。

图 8-55　绘制圆

（4）调用"偏移（O）"命令，将竖直中心线向两边分别偏移 11.5，并将偏移得到的辅助线的图层转换为"粗实线"，如图 8-56 所示。

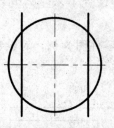

图 8-56　偏移辅助线并转换图层

（5）调用"修剪（TR）"命令，修剪掉多余的直线和圆弧，并拖动中心线两端的夹点调整中心线的长度，如图 8-57 所示。

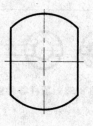

图 8-57　修剪图形

3. 绘制主视图

（1）调用"直线（L）"命令，根据左视图，绘制水平、竖直辅助线，并将绘制的竖直辅助线图层转换为"粗实线"，如图 8-58 所示。

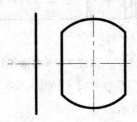

图 8-58　绘制辅助线

（2）调用"偏移（O）"命令，将竖直辅助线向左依次偏移 18、7、7、13、2、8、7、3、2、9，将水平辅助线分别向两边依次偏移 2.75、9、10、16，如图 8-59 所示。

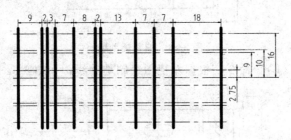

图 8-59　偏移辅助线

（3）调用"修剪（TR）"命令，修剪图形，并将偏移修剪完成的部分线段的图层转换为"粗实线"和"中心线"，再拖动中心线两端的夹点调整中心线的长度，如图 8-60 所示。

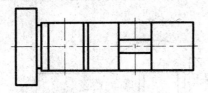

图 8-60　绘制中心线

（4）调用"圆（C）"命令，以左边中心线的交点为圆心绘制半径为 2 的圆，再绘制两个分别与两边竖直轮廓线相切并且圆心在中心线上的直径为 5.5 的圆，如图 8-61 所示。

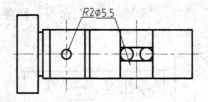

图 8-61　绘制圆

（5）调用"修剪（TR）"命令、"删除（E）"命令，修剪图形并删除多余图元，再拖动中心线两端的夹点调整中心线的长度，如图 8-62 所示。

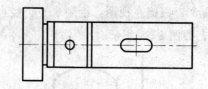

图 8-62   修剪并删除多余图元

（6）调用"偏移（O）"命令，根据命令行的提示，激活"通过"选项，再选择竖直中心线，偏移辅助线，如图 8-63 所示。

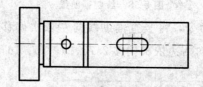

图 8-63   偏移辅助线

（7）调用"直线（L）"命令，根据左视图绘制辅助线，如图 8-64 所示。

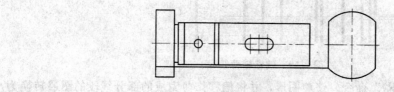

图 8-64   绘制辅助线

（8）调用"圆（C）"命令，绘制与最左边竖直轮廓线相切并且圆心在中心线上的半径为 24 的圆，如图 8-65 所示。

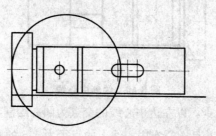

图 8-65   绘制圆

（9）调用"修剪（TR）"命令、"删除（E）"命令，修剪删除多余图元，如图 8-66 所示。

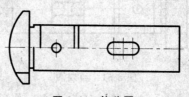

图 8-66   偏移圆

（10）调用"直线（L）"命令，以 A 点为起点绘制与粗实线相交的线段，如图 8-67 所示。

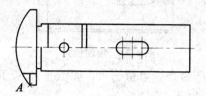

图 8-67 绘制直线

（11）调用"偏移（O）"命令，通过 B 点偏移圆弧，如图 8-68 所示。

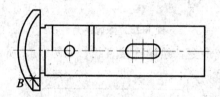

图 8-68 偏移圆弧

（12）调用"偏移（O）"命令，将水平中心线向上分别偏移 5、6，如图 8-69 所示。

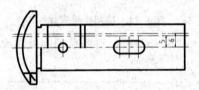

图 8-69 偏移直线

（13）调用"修剪（TR）"命令、"删除（E）"命令，修剪删除多余图元，如图 8-70 所示。

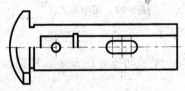

图 8-70 修剪操作

（14）调用"直线（L）"命令，绘制连接直线，如图 8-71 所示。

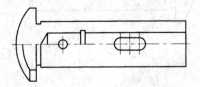

图 8-71 绘制连接直线

（15）调用"倒角（CHA）"命令，根据命令行的提示，激活"角度"选项，设置倒角距离为 1，角度为 60，对图形进行不修剪倒角处理，如图 8-72 所示。

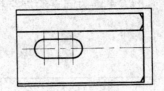

图 8-72 绘制倒角

（16）调用"修剪（TR）"命令，修剪倒角，如图 8-73 所示。

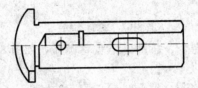

图 8-73 修剪倒角

（17）调用"直线（L）"命令，绘制连接直线，如图 8-74 所示。

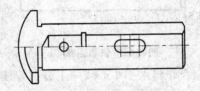

图 8-74 绘制连接直线

（18）在命令行中直接输入"ANSI31"，对图形剖面处填充剖面线，如图 8-75 所示。

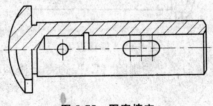

图 8-75 图案填充

4. 绘制剖视图

（1）调用"直线（L）"命令，在剖切位置绘制中心辅助线，如图 8-76 所示。

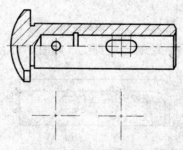

图 8-76 确定剖切位置并绘制圆轮廓线

（2）调用"圆（C）"命令，分别以中心线的交点为圆心绘制半径为 5、10 的圆，如图 8-77 所示。

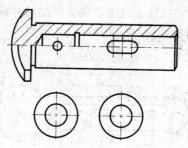

图 8-77　转换图层

（3）调用"偏移（O）"命令，将左侧圆的水平中心线向两边分别偏移 2，再将右侧圆的水平中心线向两边偏移 2.75，如图 8-78 所示。

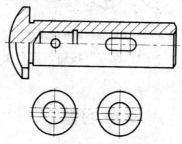

图 8-78　偏移直线

（4）调用"修剪（TR）"命令，修剪图形，并将偏移修剪完成的线段图层转换为"粗实线"图层，如图 8-79 所示。

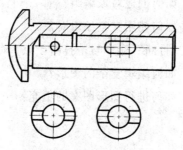

图 8-79　修剪操作和转换图层

（5）在命令行中直接输入"ANSI31"，对图形进行图案填充，如图 8-80 所示。

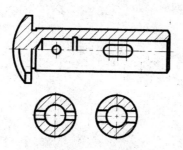

图 8-80　图案填充

（6）调用"线性标注（DLI）"命令、"直径标注（DIMDIA）"命令、"半径标注

(RAD)"命令，对图形进行尺寸标注。双击需要编辑的尺寸标注，在"文字编辑器"内添加直径或球径符号，如图 8-81 所示。

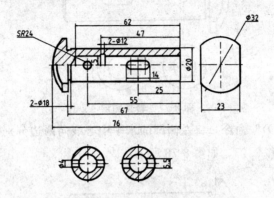

图 8-81   标注和编辑线性尺寸

(7) 单击"快速访问"工具栏中的"保存"按钮，保存文件。

本章习题

1. 在 AutoCAD 2016 中，选择对象的方法有哪些？如何使用"窗口"和"窗交"方式选择对象？

2. 在 AutoCAD 2016 中，如何创建对象编组？

3. 在 AutoCAD 2016 中，如何使用夹点编辑对象？

4. 在 AutoCAD 2016 中，"打断"命令与"打断于点"命令有何区别？

5. 在 AutoCAD 2016 中，如何编辑复杂的图形？

6. 在 AutoCAD 2016 中，如何进行图形图案的填充？

第 9 章　三维模型的绘制

![本章学习目标]

本章学习目标

- 掌握基本三维实体的绘制方法。
- 熟悉并掌握二维图形转换生成三维实体的方法、步骤。
- 熟悉布尔运算及其应用。

9.1　三维基本实体的绘制

在 AutoCAD 2016 中，最基本的实体对象包括多段体、长方体、楔体、圆锥体、球体、圆柱体、圆环体及棱锥面，绘制这些实体对象，可以在菜单栏中选择"绘图"→"建模"子命令来创建。另外，将工作空间切换为"三维建模"，在"常用"选项卡的"建模"面板中，选择相应的命令按钮进行绘图。

9.1.1　绘制多段体

在菜单栏中选择"绘图"→"建模"→"多段体"命令，即可创建三维多段体。绘制多段体时，命令行显示如下提示信息。

> 指定起点或［对象（O）/高度（H）/宽度（W）/对正（J）］＜对象＞

选择"高度"选项，可以设置多段体的高度；选择"宽度"选项，可以设置多段体的宽度；选择"对正"选项，可以设置多段体的对正方式，如左对正、居中和右对正，系统默认为居中对正。当设置了高度、宽度和对正方式后，可以通过指定点绘制多段体，也可以选择"对象"选项将图形转换为多段体。

【例 9-1】在 AutoCAD 2016 中绘制如图 9-1 所示的 U 形多段体。

（1）在菜单栏中选择"视图"→"三维视图"→"东南等轴测"命令，切换至三维东南等轴测视图。

（2）在"功能区"选项板中选择"常用"选项卡，然后在"建模"面板中单击"多段体"按钮，执行绘制三维多段体命令。

（3）在命令行的"指定起点或［对象（O）/高度（四）/宽度（W）/对正（J）］
＜对象＞："提示信息下，输入 H，在"指定高度＜10.0000＞："提示信息下输入
80，指定三维多段体的高度为 80。

（4）在命令行的"指定起点或［对象（O）/高度（H）/宽度（W）/对正（J）］
＜对象＞："提示信息下，输入 W，并在"指定宽度＜2.0000＞："提示信息下输入
8，指定三维多段体的宽度为 8。

（5）在命令行的"指定起点或［对象（O）/高度（H）/宽度（W）/对正（J）］
＜对象＞："提示信息下，输入 J，并在"输入对正方式［左对正（L）/居中（C）/
右对正（R）］＜居中＞："提示信息下输入 C，设置对正方式为居中。

（6）在命令行的"指定起点或［对象（O）/高度（H）/宽度（W）/对正（J）］
＜对象＞："提示信息下指定起点坐标为（0，0）。

（7）在命令行的"指定下一个点或［圆弧（A）/放弃（U）］："提示信息下指定下一
点的坐标为（100，0）。

（8）在命令行的"指定下一个点或［圆弧（A）/放弃（U）］："提示信息下输入 A，
绘制圆弧。

（9）在命令行的"指定圆弧的端点或［闭合（C）/方向（D）/直线（L）/第二个点
（S）放弃（U）］："提示信息下，输入圆弧端点为（@0，50）。

（10）在命令行的"指定下一个点或［圆弧（A）/闭合（C）/放弃（U）］：指定圆弧
的端点或［闭合（C）/方向（D）/直线（L）/第二个点（S）/放弃（U）］："提示信息下
输入 L，绘制直线。

（11）在命令行的"指定下一个点或［圆弧（A）/闭合（C）/放弃（U）］："提示信
息下输入坐标（@－100，0）。

（12）按回车键，结束多段体绘制命令，效果如图 9-1 所示。

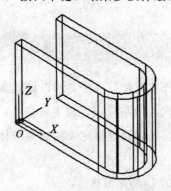 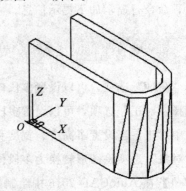

图 9-1 U 形多段体及其消隐后的效果

9.1.2 绘制长方体与楔体

在菜单栏中选择"绘图"→"建模"→"长方体"命令（BOX），即可绘制长方体，此时命令行显示如下提示信息：

> 指定第一个角点或 [中心 （C）]

在创建长方体时，其底面应与当前坐标系的 XY 平面平行，方法主要有：指定长方体角点和中心两种。

默认情况下，可以根据长方体的某个角点位置创建长方体。当在绘图窗口中指定了一角点后，命令行将显示如下提示：

> 指定其他角点或 [立方体 （C） /长度 （L）]

如果在该命令提示下直接指定另一角点，可以根据另一角点位置创建长方体。当在绘图窗口中指定角点后，如果该角点与第一个角点的 Z 坐标不一样，系统将以这两个角点作为长方体的对角点创建长方体。如果第二个角点与第一个角点位于同一高度，系统则需要用户在"指定高度："提示下指定长方体的高度。

在命令行提示下，选择"立方体 （C）"选项，可以创建立方体。创建时需要在"指定长度："提示下指定立方体的边长；选择"长度 （L）"选项，可以根据长、宽及高创建长方体，此时，用户需要在命令提示行下，依次指定长方体的长度、宽度和高度值。

在创建长方体时，如果在命令的"指定第一个角点或 [中心 （C）]："提示下，选择"中心 （C）"选项，则可以根据长方体中心点的位置创建长方体。在命令行的"指定中心："提示信息下指定中心点的位置后，将显示如下提示信息，用户可以参照"指定角点"的方法创建长方体：

> 指定脚点或 [立方体 （C） /长度 （L）]

【例 9-2】在 AutoCAD 2016 中绘制一个 $200 \times 100 \times 150$ 的长方体，如图 9-2 所示。

（1）在菜单栏中选择"视图"→"三维视图"→"东南等轴测"命令，切换至三维东南等轴测视图。

（2）在"功能区"选项板中选择"常用"选项卡，然后在"建模"面板中单击"长方体"按钮，执行长方体绘制命令。

（3）在命令行的"指定第一个角点或 [中心 （C）]："提示信息下输入 （0，0，0），通过指定角点绘制长方体。

（4）在命令行的"指定其他角点或 [立方体 （C） /长度 （L）]："提示信息下输入 L，根据长、宽、高绘制长方体。

（5）在命令行的"指定长度:"提示信息下输入 200，指定长方体的长度。

（6）在命令行的"指定宽度:"提示信息下输入 100，指定长方体的宽度。

（7）在命令行的"指定高度:"提示信息下输入 150，指定长方体的高度，此时绘制的长方体效果如图 9-2 所示。

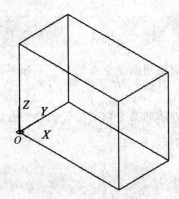

图 9-2　绘制的长方体

在菜单栏中选择"绘图"→"建模"→"楔体"命令（WEDGE），即可绘制楔体。

创建"长方体"和"楔体"的命令不同，但创建方法相同，因为楔体是长方体沿对角线切成两半后的结果。因此可以使用与绘制长方体同样的方法绘制楔体。

例如，可以使用与【例 9-2】中绘制长方体完全相同的方法绘制楔体，如图 9-3 所示。

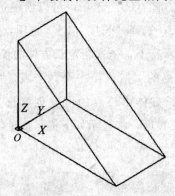

图 9-3　绘制楔体

9.1.3　绘制圆柱体与圆锥体

在"功能区"选项板中选择"常用"选项卡，然后在"建模"面板中单击"圆柱体"按钮，或在菜单栏中选择"绘图"→"建模"→"圆柱体"命令（CYLINDER），即可绘制圆柱体或椭圆柱体，如图 9-4 所示。

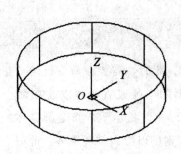 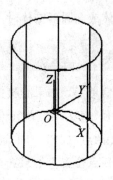

图 9-4 绘制圆柱体或椭圆柱体

绘制圆柱体或椭圆柱体时，命令行将显示如下提示信息：

指定底面的中心点或［三点（3P）/两点（2P）/相切、/椭圆（E）］

默认情况下，可以通过指定圆柱体底面的中心点位置绘制圆柱体。在命令行的“指定底面半径或［直径（D）］:”提示下指定圆柱体基面的半径或直径后，命令行显示如下提示信息：

指定高度或［两点（2P）/轴端点（A）］

可以直接指定圆柱体的高度，根据高度创建圆柱体；也可以选择“轴端点（A）”选项，根据圆柱体另一底面的中心点位置创建圆柱体。此时，两中心点位置的连线方向为圆柱体的轴线方向。

当执行 CYLINDER 命令时，如果在命令行提示下，选择“椭圆（E）”选项，可以绘制椭圆柱体。此时，用户首先需要在命令行的“指定第一个轴的端点或［中心（C）］:”提示下指定基面上的椭圆形状（其操作方法与绘制椭圆相似），然后在命令行的“指定高度或［两点（2P）/轴端点（A）］:”提示下指定圆柱体的高度或另一个圆心位置即可。

在“功能区”选项板中选择“常用”选项卡，然后在“建模”面板中单击“圆锥体”按钮，或在菜单栏中选择“绘图”→“建模”→“圆锥体”命令（CONE），即可绘制圆锥体或椭圆形锥体，如图 9-5 所示。

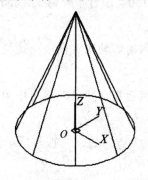 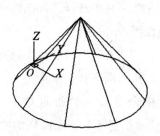

图 9-5 绘制圆锥体或椭圆形锥体

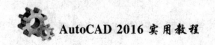

绘制圆锥体或椭圆形锥体时，命令行显示如下提示信息：

> 指定底面的中心点或 [三点 (3P) /两点 (2P) /相切、相切、半径 (T) /椭圆 (E)]

在该提示信息下，如果直接指定点即可绘制圆锥体。此时，需要在命令行的"指定底面半径或 [直径 (D)]："提示信息下指定圆锥体底面的半径或直径，以及在命令行的"指定高度或 [两点 (2P) /轴端点 (A) /顶面半径 (T)]："提示下，指定圆锥体的高度或圆锥体的锥顶点位置。如果选择"椭圆 (E)"选项，则可以绘制椭圆锥体。此时，需要先确定椭圆的形状（与绘制椭圆的方法相同），然后在命令行的"指定高度或 [两点 (2P) /轴端点 (A) /顶面半径 (T)]："提示信息下，指定圆锥体的高度或顶点位置即可。

9.1.4 绘制球体与圆环体

在"功能区"选项板中选择"常用"选项卡，然后在"建模"面板中单击"球体"按钮，或在菜单栏中选择"绘图"→"建模"→"球体"命令（SPHERE），即可绘制球体。此时，只需要在命令行的"指定中心点或 [三点 (3P) /两点 (2P) /相切、相切、半径 (T)]："提示信息下指定球体的球心位置，在命令行的"指定半径或 [直径 (D)]："提示信息下指定球体的半径或直径即可。绘制球体时可以通过改变 ISOLINES 变量来确定每个面上的线框密度，如图 9-6 所示。

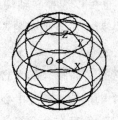

图 9-6 球体实体示例图

在"功能区"选项板中选择"常用"选项卡，然后在"建模"面板中单击"圆环体"按钮，或在菜单栏中选择"绘图"→"建模"→"圆环体"命令（TORUS），即可绘制圆环体。此时，需要指定圆环的中心位置、圆环的半径或直径，以及圆管的半径或直径。

【例 9-3】在 AutoCAD 2016 中绘制一个圆环半径为 150、圆管半径为 50 的圆环体，如图 9-7 所示。

(1) 在菜单栏中选择"视图"→"三维视图"→"东南等轴测"命令，切换至三维东南等轴测视图。

(2) 在"功能区"选项板中选择"常用"选项卡，然后在"建模"面板中单击"圆环体"按钮，执行圆环体绘制命令。

(3) 在命令行的"指定中心点或 [三点 (3P) /两点 (2P) /砌点、切点、半径 (T)]："提示信息下，指定圆环的中心位置 (0，0，0)。

(4) 在命令行的"指定半径或 [直径 (D)]："提示信息下，输入 150，指定圆环的半径。

（5）在命令行的"指定圆管半径或［两点（2P）/直径（D）］："提示信息下，输入50，指定圆管的半径。此时，绘制的圆环体效果如图 9-7 所示。

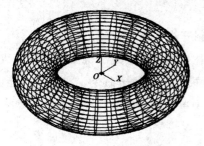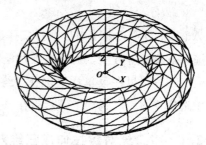

图 9-7　绘制圆环体以及消隐后的效果

9.1.5　绘制棱锥面

在"功能区"选项板中选择"常用"选项卡，然后在"建模"面板中单击"棱锥体"按钮口，或在菜单栏中选择"绘图"→"建模"→"棱锥体"命令（PYRAMID），即可绘制棱锥面，如图 9-8 所示。

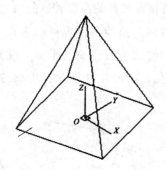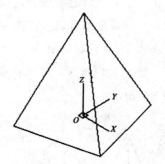

图 9-8　棱锥面

绘制棱锥面时，命令行显示如下提示信息：

指定底面的中心点或［边（E）/侧面（S）］：

在该提示信息下，如果直接指定点即可绘制棱锥面。此时，需要在命令行的"指定底面半径或［内接（I）］："提示信息下指定棱锥面底面的半径，以及在命令行的"指定高度或［两点（2P）/轴端点（A）/顶面半径（T）］："提示下指定棱锥面的高度或棱锥面的锥顶点位置。如果选择"顶面半径（T）"选项，可以绘制有顶面的棱锥面，在命令行"指定顶面半径："提示下输入顶面的半径，然后在"指定高度或［两点（2P）/轴端点（A）］："提示下指定棱锥面的高度或棱锥面的锥顶点位置即可。

9.2 二维图形生成三维实体的转换

在 AutoCAD 中，除了可以通过实体绘制命令绘制三维实体外，还可以使用拉伸、旋转、扫掠以及放样等方法，通过二维对象创建三维实体或曲面，实现二维图形生成三维实体的转换。用户可以在菜单栏中选择"绘图"→"建模"命令的子命令，或在"功能区"选项板中选择"常用"选项卡，然后在"建模"面板中单击相应的工具按钮即可。

9.2.1 将二维对象拉伸成三维对象

在"功能区"选项板中选择"常用"选项卡，然后在"建模"面板中单击"拉伸"按钮，或在菜单栏中选择"绘图"→"建模"→"拉伸"命令（EXTRUDE），即可通过拉伸二维对象来创建三维实体或曲面。拉伸对象被称为断面，在创建实体时，断面可以是任何二维封闭多段线、圆、椭圆、封闭样条曲线和面域。其中，多段线对象的顶点数不能超过 500 个且不小于 3 个。若创建三维曲面，则断面是不封闭的二维对象。

默认情况下，可以沿 Z 轴方向拉伸对象，此时需要指定拉伸的高度和倾斜角度。

其中，拉伸高度值可以为正或为负，表示拉伸的方向。拉伸角度也可以为正或为负，其绝对值不大于 90°，默认值为 0°，表示生成的实体的侧面垂直于 XY 平面，没有锥度。如果为正，将产生内锥度，生成的侧面向内；如果为负，将产生外锥度，生成的侧面向外，如图 9-9 所示。

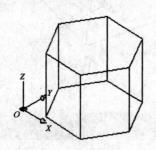 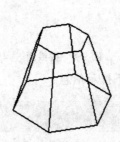 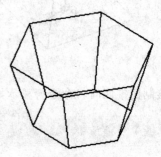

（a）拉伸倾角 0°   （b）拉伸倾角为 15°   （c）拉伸倾角为 -10°

图 9-9 拉伸锥角效果

通过指定一个拉伸路径，也可以将对象拉伸为三维实体，拉伸路径可以是开放的，也可以是封闭的。

【例 9-4】在 AutoCAD 2016 中绘制如图 9-15 所示的 S 形轨道。

（1）在菜单栏中选择"视图"→"三维视图"→"东南等轴测"命令，切换至三维东南等轴测视图。

（2）在"功能区"选项板中选择"可视化"选项卡，然后在"坐标"面板中单击 X 按钮，将当前坐标系绕 X 轴旋转 90°。

（3）在"功能区"选项板中选择"常用"选项卡，然后在"绘图"面板中单击"多段线"按钮，依次指定多段线的起点和经过点，即（0，0）、（18，0）、（18，5）、（23，5）、（23，9）、（20，9）、（20，13）、（14，13）、（14，9）、（6，9）、（6，13）和（0，13），绘制闭合多段线，效果如图 9-10 所示。

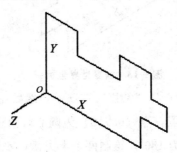

图 9-10　绘制闭合多段线

（4）在"功能区"选项板中选择"常用"选项卡，然后在"修改"面板中单击"圆角"按钮设置圆角半径为 2，然后对绘制的多段线修圆角，效果如图 9-11 所示。

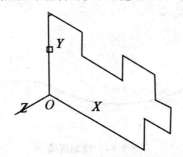

图 9-11　对多段线修圆角

（5）在"功能区"选项板中选择"常用"选项卡，然后在"修改"面板中单击"倒角"按钮，设置倒角距离为 1，然后对绘制的多段线修倒角，效果如图 9-12 所示。

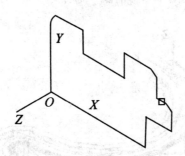

图 9-12　对多段线修倒角

（6）在"功能区"选项板中选择"可视化"选项卡，然后在"坐标"面板中单击"世界"按钮，恢复到世界坐标系，如图 9-13 所示。

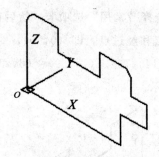

图 9-13　恢复世界坐标系

（7）在"功能区"选项板中选择"常用"选项卡，然后在"绘图"面板中单击"多段线"按钮，以点（18，0）为起点，点（68，0）为圆心，角度为 180°和以（18，0）为起点，点（68，0）为圆心，角度为 180°，绘制两个半圆弧，效果如图 9-14 所示。

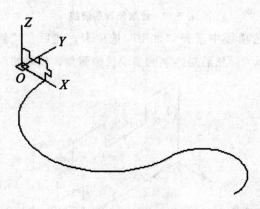

图 9-14　绘制圆弧

（8）在"功能区"选项板中选择"常用"选项卡，然后在"建模"面板中单击"拉伸"按钮，将绘制的多段线沿圆弧路径拉伸。

（9）在菜单栏中选择"视图"→"消隐"命令，消隐图形，效果如图 9-15 所示。

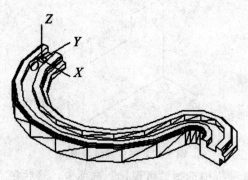

图 9-15　拉伸图形

9.2.2　将二维对象旋转成三维对象

在"功能区"选项板中选择"常用"选项卡，然后在"建模"面板中单击"旋转"按钮，或在菜单栏中选择"绘图"→"建模"→"旋转"命令（REVOLVE），即可通过绕轴旋转二维对象创建三维实体或曲面。在创建实体时，用于旋转的二维对象可以是封闭多段线、多边形、圆、椭圆、封闭样条曲线、圆环及封闭区域。三维对象包含在块中的对象，有交叉或自干涉的多段线不能被旋转，而且每次只能旋转一个对象。若创建三维曲面，则用于旋转的二维对象是不封闭的。

【例 9-5】在 AutoCAD 2016 中通过旋转的方法，绘制如图 9-19 所示的实体模型。

（1）在"功能区"选项板中选择"常用"选项卡，然后在"绘图"面板中综合运用多种绘图命令，绘制如图 9-16 所示的图形，其中尺寸可由用户自行确定。

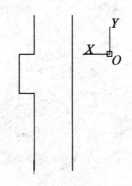

图 9-16　绘制多段线

（2）在菜单栏中选择"视图"→"三维视图"→"视点"命令，并在命令行"指定视点或［旋转（R）］＜显示坐标球和三轴架＞："提示下输入（1，1，1），指定视点，如图 9-17 所示。

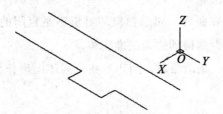

图 9-17　调整视点

（3）在"功能区"选项板中选择"常用"选项卡，然后在"建模"面板中单击"旋转"按钮，执行 REVOVE 命令。

（4）在命令行的"选择对象："提示下，选择多段线作为旋转二维对象，并按回车键。

（5）在命令行的"指定轴起点或根据以下选项之一定义轴［对象（O）/X/Y/Z］"提示下输入 O，绕指定的对象旋转。

（6）在命令行的"选择对象："提示下，选择直线作为旋转轴对象。

（7）在命令行的"指定旋转角度＜360＞："提示下输入 360，指定旋转角度，如图 9-18 所示。

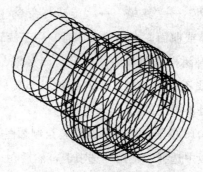

图 9-18 将二维图形旋转成实体

（8）在菜单栏中选择"视图"→"消隐"命令，消隐图形，效果如图 9-19 所示。

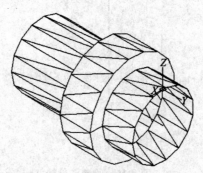

图 9-19 图形消隐效果

9.2.3 将二维对象扫掠成三维对象

在"功能区"选项板中选择"常用"选项卡，然后在"建模"面板中单击"扫掠"按钮，或在菜单栏中选择"绘图"→"建模"→"扫掠"命令（SWEEP），即可通过沿路径扫掠二维对象创建三维实体和曲面。如果扫掠的对象不是封闭的图形，那么使用"扫掠"命令后得到的将是网格面，否则得到的是三维实体。

使用"扫掠"命令绘制三维对象时，当用户指定封闭图形作为扫掠对象后，命令行显示如下提示信息：

选择扫掠路径或［对齐（A）/基点（B）/比例（S）/扭曲（T）］:

在该命令提示下，可以直接指定扫掠路径创建三维对象，也可以设置扫掠时的对齐方式、基点、比例和扭曲参数。其中，"对齐"选项用于设置扫掠前是否对齐垂直于路径的扫掠对象；"基点"选项用于设置扫掠的基点；"比例"选项用于设置扫掠的比例因子，当指定了该参数后，扫掠效果与单击扫掠路径的位置有关；"扭曲"选项用于设置扭曲角度或允许非平面扫掠路径倾斜。如图 9-20 所示为对圆形进行螺旋路径扫掠成实体的效果。

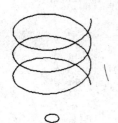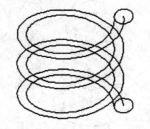

图 9-20　通过扫掠绘制实体

9.2.4　将二维对象放样成三维对象

在"功能区"选项板中选择"常用"选项卡，然后在"建模"面板中单击"放样"按钮，或在菜单栏中选择"绘图"→"建模"→"放样"命令（LOFT），即可在多个横截面之间的空间中创建三维实体或曲面。如果需要放样的对象不是封闭的图形，那么使用"放样"命令后得到的将是网格面，否则得到的是三维实体。如图 9-21 所示即是三维空间中 3 个圆放样后得到的实体。

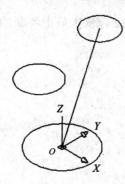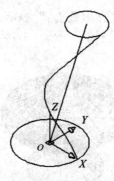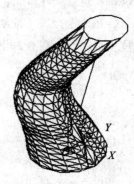

图 9-21　放样并消隐图形

在放样时，当依次指定放样截面后（至少两个），命令行显示如下提示信息：

输入选项 [导向（G）/路径（P）/仅横截面（C）/设置（S）] ＜仅横截面＞：

在该命令提示下，需要选择放样方式。其中，"导向"选项用于使用导向曲线控制放样，每条导向曲线必须与每一个截面相交，并且起始于第 1 个截面，结束于最后一个截面；"路径"选项用于使用一条简单的路径控制放样，该路径必须与全部或部分截面相交；"仅横截面"选项用于只使用截面进行放样，选择"设置"选项可打开"放样设置"对话框，可以设置放样横截面上的曲面控制选项。

【例 9-6】在 (0, 0, 0)、(0, 0, 20)、(0, 0, 50)、(0, 0, 70) 以及 (0, 0, 90) 5 点处绘制半径分别为 30、10、50、20 和 10 的圆，然后以绘制的圆为截面进行放样创建放样实体，效果如图 9-22 所示。

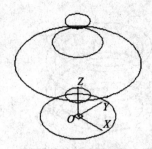

图 9-22　绘制圆

（1）在菜单栏中选择"视图"→"三维视图"→"东南等轴测"命令，切换至三维东南等轴测视图。

（2）在"功能区"选项板中选择"常用"选项卡，然后在"建模"面板中单击"圆心，半径"按钮，分别在（0，0，0）、（0，0，20）、（0，0，50）、（0，0，70）及（0，0，90）5点处绘制半径分别为30、10、50、20和10的圆。

（3）在"功能区"选项板中选择"常用"选项卡，然后在"建模"面板中单击"放样"按钮，执行放样命令。

（4）在命令行的"按放样次序选择横截面："提示下，从下向上，依次单击绘制的圆作为放样截面，如图9-23所示。

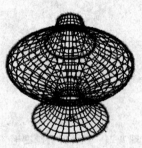

图 9-23　绘制放样截面

（5）在命令行的"输入选项［导向（G）/路径（P）/仅横截面（C）］＜路径＞："提示下，输入C，仅通过横截面进行放样。

（6）在菜单栏中选择"视图"→"消隐"命令，消隐图形，效果如图9-24所示。

图 9-24　图形消隐效果

9.2.5 根据标高和厚度绘制三维图形

用户在绘制二维对象时，可以为对象设置标高和延伸厚度。如果设置了标高和延伸厚度，就可以使用二维绘图的方法绘制三维图形对象。

绘制二维图形时，绘图面应是当前 UCS 的 XY 面或与其平行的平面。标高是用于确定这个面的位置，它用绘图面与当前 UCS 的 XY 面的距离表示。厚度则是所绘二维图形沿当前 UCS 的 Z 轴方向延伸的距离。

在 AutoCAD 中，规定当前 UCS 的 XY 面的标高为 O，沿 Z 轴正方向的标高为正，沿负方向为负。沿 Z 轴正方向延伸时的厚度为正，反之则为负。

实现标高、厚度设置的命令是 ELEV。执行该命令，AutoCAD 提示如下信息：

指定新的默认标高<0.0000>（输入新标高）

指定新的默认厚度<0.0000>（输入新厚度）

设置标高、厚度后，用户就可以在标高方向上创建各截面形状和大小相同的三维对象。

【例 9-7】在 AutoCAD 2016 中，根据标高和厚度，绘制如图 9-34 所示的图形。

（1）在"功能区"选项板中选择"常用"选项卡，然后在"绘图"面板中单击"矩形"按钮，绘制一个长度为 300，宽度为 200，厚度为 50 的矩形。

（2）在菜单栏中选择"视图"→"三维视图"→"东南等轴测"命令，此时将看到绘制的是一个有厚度的矩形，如图 9-25 所示。

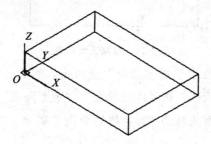

图 9-25 绘制有厚度的矩形

（3）在"功能区"选项板中选择"可视化"选项卡，然后在"坐标"面板中单击"原点"按钮，再单击矩形的角点 A 处，将坐标原点移到该点上，如图 9-26 所示。

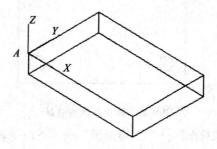

图 9-26 移动 UCS

（4）在菜单栏中选择"视图"→"三维视图"→"平面视图"→"当前 UCS"命令，将视图设置为平面视图，如图 9-27 所示。

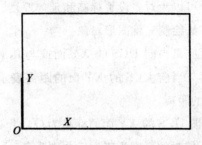

图 9-27　将视图设置为平面视图

（5）在命令行输入 ELEV 命令，在"指定新的默认标高＜0.0000＞："提示信息下，设置新的标高为 0，在"指定新的默认厚度＜0.0000＞："提示信息下，设置新的厚度为 100。

（6）在"功能区"选项板中选择"常用"选项卡，然后在"绘图"面板中单击"正多边形"按钮，绘制一个内接于半径为 15 的圆的正六边形，如图 9-28 所示。

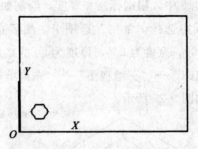

图 9-28　绘制正六边形

（7）在"功能区"选项板中选择"常用"选项卡，然后在"修改"面板中单击"阵列"按钮，打开"阵列"对话框，选择阵列类型为"矩形阵列"，并设置阵列的行数为 2，列数为 2，行偏移为 125，列偏移为 230，然后单击"确定"按钮，阵列效果如图 9-29 所示。

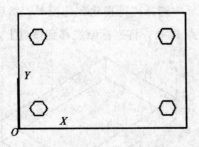

图 9-29　阵复制后的效果

（8）在菜单栏中选择"视图"→"三维视图"→"东南等轴测"命令，绘图窗口将显示如图 9-30 所示的三维视图效果。

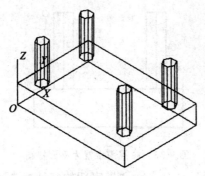

图 9-30　调整视点

（9）在"功能区"选项板中选择"可视化"选项卡，然后在"坐标"面板中单击"原点"按钮，再单击矩形的角点 B，将坐标系移动至该点上，如图 9-31 所示。

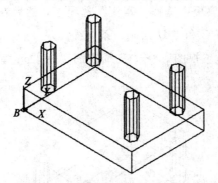

图 9-31　调整坐标系

（10）在"功能区"选项板中选择"可视化"选项卡，然后在"坐标"面板中分别单击 Z 按钮和 Y 按钮，将坐标系分别绕 Z 轴和 Y 轴旋转 90°，如图 9-32 所示。

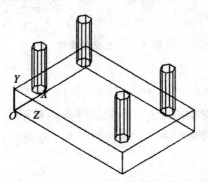

图 9-32　旋转坐标轴

（11）在菜单栏中选择"视图"→"三维视图"→"平面视图"→"当前 UCS"命令，将视图设置为平面视图，效果如图 9-33 所示。

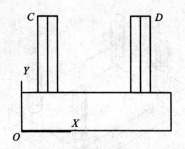

图 9-33 将视图设置为平面视图

（12）在命令行输入 ELEV 命令，在"指定新的默认标高＜0.0000＞："提示信息下，设置新的标高为 0，在"指定新的默认厚度＜0.0000＞："提示信息下，设置新的厚度为 255。

（13）在"功能区"选项板中选择"常用"选项卡，然后在"绘图"面板中单击"直线"按钮，通过端点捕捉点 C 和点 D 绘制一条直线。

（14）在菜单栏中选择"视图"→"三维视图"→"东南等轴测"命令，得到如图 9-34 所示的三维视图效果。

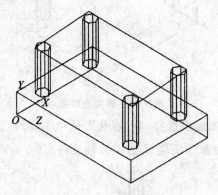

图 9-34 三维效果图

9.2.6 上机练习

通过按照路径拉伸二维对象的方法，绘制如图 9-45 所示的三维圆管实例。

（1）在菜单栏中选择"视图"→"三维视图"→"东南等轴测"命令，切换至三维视图模式。

（2）在"功能区"选项板中选择"常用"选项卡，然后在"绘图"面板中单击"三维多段线"按钮，并依次指定多段线的起点和经过点，即（100，0，0）、（0，0，50）、（−50，0，0）、（0，50，0）和（50，0，0），绘制一条三维多段线，如图 9-35 所示。

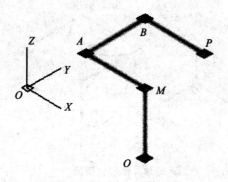

图 9-35　绘制多段线

（3）在"功能区"选项板中选择"常用"选项卡，然后在"绘图"面板中单击"两点"按钮，以点 A 和点 B 为端点，在 XY 平面上绘制一个圆，如图 9-36 所示。

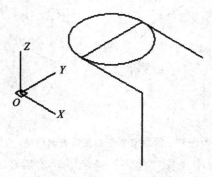

图 9-36　绘制圆

（4）在"功能区"选项板中选择"可视化"选项卡，然后在"坐标"面板中单击 X 按钮，将当前坐标系统 X 轴旋转 $90°$，得到如图 9-37 所示的效果。

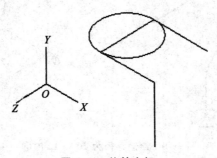

图 9-37　旋转坐标

（5）在"功能区"选项板中选择"常用"选项卡，然后在"绘图"面板中单击"相切，相切，半径"按钮，绘制一个与线段 AM 和 OM 相切，半径为 20 的圆，如图 9-38 所示。

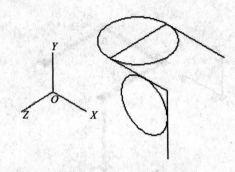

图 9-38　绘制相切圆

（6）在"功能区"选项板中选择"常用"选项卡，然后在"修改"面板中单击"修剪"按钮，对图形进行修剪，并恢复世界坐标系，效果如图 9-39 所示。

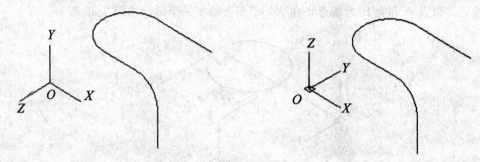

图 9-39　修建图形并恢复世界坐标系

（7）在"功能区"选项板中选择"常用"选项卡，然后在"绘图"面板中单击"圆心，半径"按钮，以点（100，0，0）为圆心，绘制半径分别为 12 和 10 的圆，如图 9-40 所示。

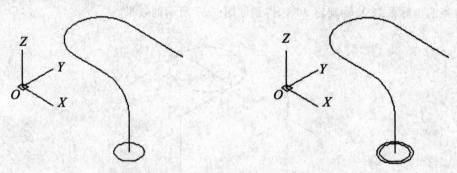

图 9-40　绘制半径为 10 和 12 的圆

（8）在"功能区"选项板中选择"可视化"选项卡，然后在"坐标"面板中单击 Y 按钮，将坐标系绕 Y 轴旋转 90°，如图 9-41 所示。

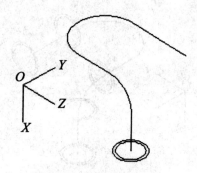

图 9-41　绕 Y 轴旋转坐标

(9) 在"功能区"选项板中选择"常用"选项卡，然后在"绘图"面板中单击"圆心，半径"按钮，以点 P 为圆心，绘制半径分别为 12 和 10 的圆，如图 9-42 所示。

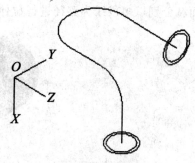

图 9-42　绘制圆

(10) 在"功能区"选项板中选择"常用"选项卡，然后在"绘图"面板中单击"面域"按钮，选择所绘制的 4 个圆，将其转换为面域，如图 9-43 所示。

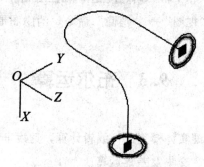

图 9-43　将圆转换为面域

(11) 在"功能区"选项板中选择"常用"选项卡，然后在"实体编辑"面板中单击"差集"按钮，使用半径为 12 的面域减去半径为 10 的面域，将得到两个圆环形面域。

(12) 在"功能区"选项板中选择"常用"选项卡，然后在"修改"面板中单击"复制"按钮，分别在如图 9-44 所示的位置复制环形面域。

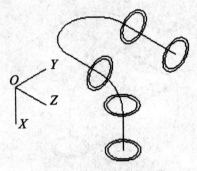

图 9-44　复制环形面域

（13）在命令行输入 ISOLINES 命令，设置 ISOLINES 变量为 32。

（14）在"功能区"选项板中选择"常用"选项卡，然后在"建模"面板中单击"拉伸"按钮，将创建的圆环形面域分别以多段线为路径进行拉伸，效果如图 9-45 所示。

图 9-45　拉伸图形后得到的三维图形

（15）在菜单栏中选择"视图"→"消隐"命令，消隐图形。

9.3　布尔运算

通过布尔运算可以对三维实体模型进行编辑计算，速度非常快，从而创建出复杂多变的形体。布尔运算包括并集、交集及差集运算。

9.3.1　并集运算

并集运算命令可以对两个及两个以上的图形对象进行计算，计算后的结果是相并部分的面域、实体合并为组合面域或复合实体，调用"并集"命令的方法有以下两种。

- 显示菜单栏，选择"修改"→"实体编辑"→"并集"命令。
- 在命令行中执行 UNION 命令。

对图形对象进行并集运算的具体操作过程如下。

如图 9-46 所示基础图形文件为例。在命令行中执行 UNION 命令，具体操作过程如下。

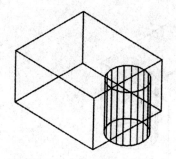

图 9-46　基础图形文件

命令：UNION　　　　　　　　//执行 UNION 命令

选择对象：指定对角点：找到 2 个　　//选择绘图区中的所有对象

选择对象：　　　　　　　　//按空格键将所选实体合并为一个对象

并集运算后的效果如图 9-47 所示。

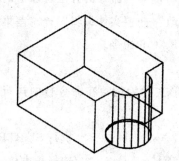

图 9-47　基础图形文件的并集运算操作

9.3.2　交集运算

交集运算命令可对多个面域或实体进行求交集运算，得到这些实体的公共部分，而每个面域或实体的非公共部分将被删除，调用"交集"命令的方法有以下两种。

· 显示菜单栏，选择"修改"→"实体编辑"→"交集"命令。

· 在命令行中执行 INTERSECT 或 IN 命令。

求交集的具体操作如下。

以如图 9-46 所示基础图形文件为例。在命令行中执行 INTERSECT 命令，具体操作过程如下。

命令：INTERSECT　　　　　　　　//执行 INTERSECT 命令

选择对象：指定对角点：找到 2 个　　//框选绘图区中的所有图形对象

选择对象：　　　　　　　　//按"Space"键结束对象的选择

交集运算后的效果如图 9-48 所示。

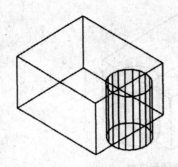

图 9-48　基础图形文件的交集运算操作

9.3.3　差集运算

差集运算命令可以从一个三维实体或面域中减去另一个（多个）实体或面域，从而得到一个新的实体或面域，调用"差集"命令的方法有以下两种。

· 显示菜单栏，选择"修改"→"实体编辑"→"差集"命令。

· 在命令行中执行 SUBTRACT 命令。

求差集的具体操作如下。

以如图 9-49 所示基础图形文件为例。在命令行中执行 SUBTRACT 命令，具体操作过程如下。

命令：SUBTRACT　　　　　　　　　　//执行 SUBTRACT 命令

选择要从中减去的实体或面域　　　　//选择长方体

选择对象：找到 1 个　　　　　　　　//系统提示

选择对象：　　　　　　　　　　　　//按"Space"键结束对象的选择

选择要减去的实体或面域　　　　　　//选择圆柱体

选择对象：找到 1 个　　　　　　　　//按"Space"键结束对象的选择，系统自动

进行布尔差集运算

差集运算后的效果如图 9-49 所示。

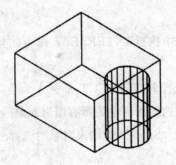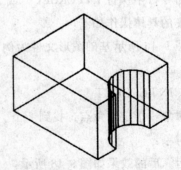

图 9-49　基础图形文件的差集运算

9.4 应用案例——绘制螺母

下面以绘制螺母为例，来综合练习本节所讲的知识。

第一步，新建文档，设置视图为西南等轴测，运用"圆柱体"工具以原点为圆心，绘制半径和高分别为 6、20 的圆柱体，如图 9-50 所示。

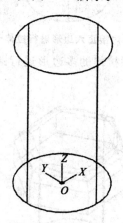

图 9-50 半径为 6，高为 20 的圆柱体

第二步，运用"多边形"工具，输入 6，拾取圆柱体顶面圆心，绘制内接圆半径为 8 的正六边形，如图 9-51 所示。

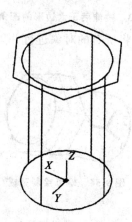

图 9-51 内接圆半径为 8 的正六边形

第三步，运用"拉伸"工具，将正多边形拉伸-6，如图 9-52 所示。

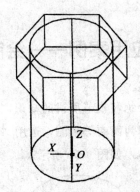

图 9-52　将内接正六边形进行拉伸一6 操作

　　第四步，运用"圆角"工具，对拉伸的多边形进行圆角，将圆角半径设为 2，效果如图 9-53 所示。

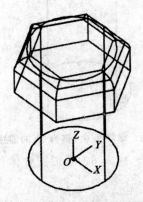

图 9-53　拉伸后正六边形的圆角操作

　　第五步，运用"并集"工具，将所有的对象进行并集，最终效果如图 9-54 所示。

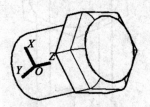

图 9-54　螺母绘制完成

本章习题

1. 简述绘制三维基本实体的步骤。

2. 简述在 AutoCAD 2016 中是如何绘制出复杂的三维实体的。

3. 简述布尔运算的类型以及每个类型的要点。

4. 按照如表 9-1 所示的参数要求，绘制三维实体模型。

表 9-1　圆环体表面参数

参数	值
圆环中心点坐标	100，80，50
圆环半径	100
圆管半径	15
环绕圆管圆周的网格分段数目	20
环绕圆环体表面圆周的网格分段数目	20

第 10 章　三维模型的编辑

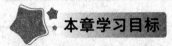

本章学习目标

· 熟悉三维对象的编辑方法、步骤。

· 掌握三维对象的修改和编辑。

· 了解并学习三维曲面的绘制。

10.1　三维对象的编辑

10.1.1　三维旋转

利用"三维旋转"工具可将选取的三维对象和子对象，沿指定旋转轴（X 轴、Y 轴、Z 轴）进行自由旋转。

在 AutoCAD 2016 中调用"三维旋转"有如下几种常用方法：

（1）命令行：在命令行中输入"3DROTATE"。

（2）功能区：单击"修改"面板"三维旋转"工具按钮。

（3）工具栏：单击"建模"工具栏"三维旋转"按钮。

（4）菜单栏：执行"修改"→"三维操作"→"三维旋转"命令。

执行上述任一命令后，即可进入"三维旋转"模式，在"绘图区"选取需要旋转的对象，此时绘图区出现 3 个圆环（操作时 X、Y、Z 轴分别以不同颜色进行区别），然后在绘图区指定一点为旋转基点，如图 10-1 所示。指定完旋转基点后，选择夹点工具上圆环用以确定旋转轴，接着直接输入角度进行实体的旋转，或选择屏幕上的任意位置用以确定旋转基点，再输入角度值即可获得实体三维旋转效果。

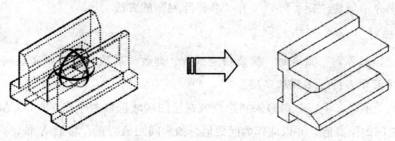

图 10-1　执行三维旋转操作

10.1.2　三维移动

使用"三维移动"工具能将指定模型沿 X、Y、Z 轴或其他任意方向，以及直线、面或任意两点间移动，从而获得模型在视图中的准确位置。

在 AutoCAD 2016 中调用"三维移动"有如下几种常用方法：

(1) 命令行：在命令行中输入"3DMOVE"。

(2) 功能区：单击"修改"面板"三维移动"工具按钮。

(3) 工具栏：单击"建模"工具栏"三维移动"按钮。

(4) 菜单栏：执行"修改"→"三维操作"→"三维移动"命令。

执行上述任一命令后，在"绘图区"选取要移动的对象，绘图区将显示坐标系图标，如图 10-2 所示。

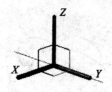 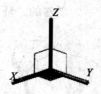

图 10-2　移动坐标系

单击选择坐标轴的某一轴，拖动鼠标所选定的实体对象将沿所约束的轴移动；若是将光标停留在两条轴柄之间的直线汇合处的平面上（用以确定一定平面），直至其变为黄色，然后选择该平面，拖动鼠标将移动约束到该平面上。

10.1.3　三维阵列

使用"三维阵列"工具可以在三维空间中按矩形阵列或环形阵列的方式，创建指定对象的多个副本。在 AutoCAD 2016 中调用"三维阵列"有如下几种常用方法：

(1) 命令行：在命令行中输入"3DARRAY/3A"。

(2) 功能区：单击"修改"面板"阵列"工具按钮。

(3) 工具栏：单击"建模"工具栏"三维阵列"按钮。

(4) 菜单栏：执行"修改"→"三维操作"→"三维阵列"命令。

执行上述任一命令后，按照提示选择阵列对齐。

下面分别介绍创建"矩形阵列"和"环形阵列"的方法。

1. 矩形阵列

在执行"矩形阵列"指令时，需要指定行数、列数、层数、行间距和层间距，其中一个矩形阵列可设置多行\多列和多层。

在指定间距值时，可以分别输入间距值或在绘图区域选取两个点，AutoCAD 2016 将自动测量两点之间的距离值，并以此作为间距值。如果间距值为正，将沿 X 轴、Y 轴、Z 轴的正方向生成阵列；间距值为负，将沿 X 轴、Y 轴、Z 轴的负方向生成阵列。如图 10-3 所示为创建的"矩形阵列"特征。

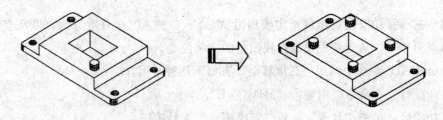

图 10-3　矩形阵列

2. 环形阵列

在执形"环形阵列"指令时，需要指定阵列的数目、阵列填充的角度、旋转轴的起点和终点及对象在阵列后是否绕着阵列中心旋转。

如图 10-4 所示为创建的"环形阵列"特征。

图 10-4　环形阵列

10.1.4　三维镜像

使用"三维镜像"工具能够将三维对象通过镜像平面获取与之完全相同的对象，其中镜像平面可以是与 UCS 坐标系平面平行的平面或由三点确定的平面。

在 AutoCAD 2016 中调用"三维镜像"有如下几种常用方法：

（1）命令行：在命令行中输入"MIRROR3D"。

（2）功能区：单击"修改"面板"三维镜像"工具按钮。

（3）菜单栏：执行"修改"→"三维操作"→"三维镜像"命令。

执行上述任一命令后，即可进入"三维镜像"模式，在绘图区选取要镜像的实体后，按回车键或右击，按照命令行提示选取镜像平面，用户还可根据设计需要指定 3 个点作为镜像平面，然后根据需要确定是否删除源对象，右击或按回车键即可获得三维镜像效果。

如图 10-5 所示为创建的"三维镜像"特征。

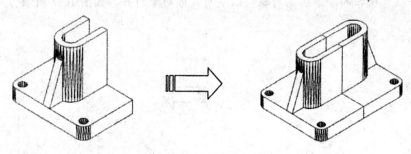

图 10-5 镜像三维实体

10.1.5 对齐和三维对齐

在三维建模环境中，使用"对齐"和"三维对齐"工具可对齐三维对象，从而获得准确的定位效果。

这两种对齐工具都可实现两模型的对齐操作，但选取顺序却不同，分别介绍如下。

1. 对齐

使用"对齐"工具可指定一对、两对或三对原点和定义点，从而使对象通过移动、旋转 \ 倾斜或缩放对齐选定对象。在 AutoCAD 2016 中调用"对齐"有如下几种常用方法：

（1）命令行：在命令行中输入"ALIGN/AL"。

（2）功能区：单击"修改"面板"对齐"工具按钮。

（3）菜单栏：执行"修改"→"三维操作"→"对齐"命令。

执行上述任一命令后，接下来对其使用方法进行具体了解。

①一对点对齐对象。

该对齐方式是指定一对源点和目标点进行实体对齐。当只选择一对源点和目标点时，所选取的实体对象将在二维或三维空间中从源点 a 沿直线路径移动到目标点 b。如图 10-6 所示。

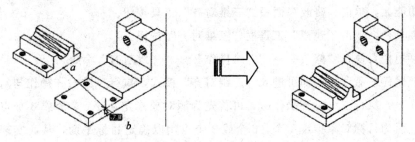

图 10-6 一对点对齐

②两对点对齐对象。

该对齐方式是指定两对源点和目标点进行实体对齐。当选择两对点时，可以在二维或三维空间移动、旋转和缩放选定对象，以便与其他对象对齐，如图 10-7 所示。

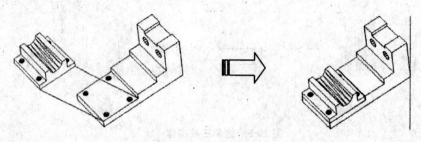

图 10-7　两对点对齐对象

③三对点对齐对象。

该对齐方式是指定三对源点和目标点进行实体对齐。当选择三对源点和目标点时，直接在绘图区连续捕捉三对对应点即可获得对齐对象操作，其效果如图 10-8 所示。

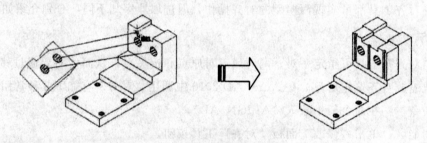

图 10-8　三对点对齐对象

2. 三维对齐

在 AutoCAD 2016 中，三维对齐操作是指最多 3 个点用以定义源平面，然后指定最多 3 个点用以定义目标平面，从而获得三维对齐效果。在 AutoCAD 2016 中调用"三维对齐"有如下几种常用方法：

（1）命令行：在命令行中输入"3DALIGN"。

（2）功能区：单击"修改"面板"三维对齐"工具按钮。

（3）工具栏：单击"建模"工具栏"三维对齐"按钮。

（4）菜单栏：执行"修改"→"三维操作"→"三维对齐"命令。

执行上述任一命令后，即可进入"三维对齐"模式，执行三维对齐操作与对齐操作的不同之处在于：执行三维对齐操作时，可首先为源对象指定 1 个、2 个或 3 个点用以确定圆平面，然后为目标对象指定 1 个、2 个或 3 个点用以确定目标平面，从而实现模型与模型之间的对齐，如图 10-9 所示为三维对齐效果。

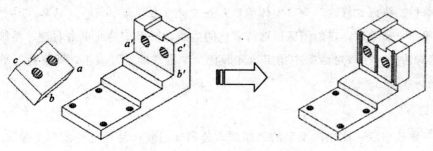

图 10-9　三维对齐效果

　　三维实体对象都是由最基本的面和边所组成，AutoCAD 2016 不仅提供多种编辑实体工具，同时可根据设计需要提取多个边特征，对其执行偏移、着色、压印或复制边等操作，便于查看或创建更为复杂的模型。

10.1.6　三维实体编辑

1. 复制边

　　执行"复制边"操作可将现有的实体模型上单个或多个边偏移到其他位置，从而利用这些边线创建出新的图形对象。

　　在 AutoCAD 2016 中调用"复制边"有如下几种常用方法：

　　（1）功能区：单击"实体编辑"面板"复制边"工具按钮。

　　（2）工具栏：单击"实体编辑"工具栏"复制边"按钮。

　　（3）菜单栏：执行"修改"→"实体编辑"→"复制边"命令。

　　执行上述任一命令后，在"绘图区"选择需要复制的边线，单击鼠标右键，系统弹出快捷菜单。选择"确认"命令，并指定复制边的基点或位移，移动鼠标到合适的位置单击复制边，完成复制边的操作。其效果如图 10-10 所示。

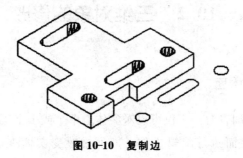

图 10-10　复制边

2. 着色边

　　在三维建模环境中，不仅能够着色实体表面，同样可使用"着色边"工具将实体的边线执行着色操作，从而获得实体内、外表面边线不同的着色效果。

　　在 AutoCAD 2016 中调用"着色边"有如下几种常用方法：

　　（1）功能区：单击"实体编辑"面板"着色边"工具按钮。

　　（2）工具栏：单击"实体编辑"工具栏"着色边"按钮。

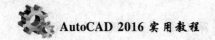

（3）菜单栏：执行"修改"→"实体编辑"→"着色边"命令。

执行上述任一命令后，在绘图区选取待着色的边线，按回车键或单击右键，系统弹出"选择颜色"对话框，在该对话框中指定填充颜色，单击"确定"按钮，即可执行着色边操作。

3. 压印边

在创建三维模型后，往往在模型的表面加入公司标记或产品标记等图形对象，Auto-CAD 2016 软件专为该操作提供"压印边"工具，即通过与模型表面单个或多个表面相交将图形对象压印到该表面。

在 AutoCAD 2016 中调用"压印边"有如下几种常用方法：

（1）功能区：单击"实体编辑"面板"压印边"工具按钮。

（2）工具栏：单击"实体编辑"工具栏"压印边"按钮。

（3）菜单栏：执行"修改"→"实体编辑"→"压印边"命令。

执行上述任一命令后，在"绘图区"选取三维实体，接着选取压印对象，命令行将显示"是否删除源对象［是（Y）／（否）］＜N＞:"的提示信息，可根据设计需要确定是否保留压印对象，即可执行压印操作，其效果如图 10-11 所示。

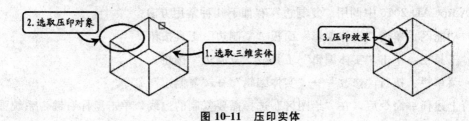

图 10-11　压印实体

10.2　三维对象的修改

10.2.1　编辑实体面

在对三维实体进行编辑时，不仅可以对实体上单个或多个边线执行编辑操作，同时还可以对整个实体任意表面执行编辑操作，即通过改变实体表面，从而达到改变实体的目的。

1. 移动实体面

执行移动实体面操作是沿指定的高度或距离移动选定的三维实体对象的一个或多个面。移动时，只移动选定的实体面而不改变方向。

在 AutoCAD 2016 中调用"移动面"有如下几种常用方法：

（1）功能区：单击"实体编辑"面板的"移动面"工具按钮。

（2）工具栏：单击"实体编辑"工具栏"移动面"按钮。

（3）菜单栏：执行"修改"→"实体编辑"→"移动面"命令。

执行上述任一命令后，在"绘图区"选取实体表面，按回车键并右击捕捉移动实体面的基点，然后指定移动路径或距离值，单击右键即可执行移动实体面操作，其效果如图 10-12 所示。

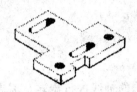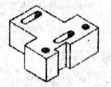

图 10-12　移动实体面

2. 偏移实体面

执行偏移实体面操作是在一个三维实体上按指定的距离均匀地偏移实体面，可根据设计需要将现有的面从原始位置向内或向外偏移指定的距离，从而获取新的实体面。在 AutoCAD 2016 中调用"偏移面"有如下几种常用方法：

（1）功能区：单击"实体编辑"面板"偏移面"工具按钮。

（2）工具栏：单击"实体编辑"工具栏"偏移面"按钮。

（3）菜单栏：执行"修改"→"实体编辑"→"偏移面"命令。

执行上述任一命令后，在"绘图区"选取要偏移的面，并输入偏移距离，按回车键，即可获得如图 10-13 所示的偏移面特征。

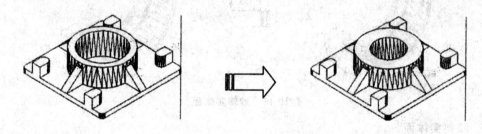

图 10-13　偏移实体面

3. 删除实体面

在三维建模环境中，执行删除实体面操作是从三维实体对象上删除实体表面、圆角等实体特征。在 AutoCAD 2016 中调用"删除面"有如下几种常用方法：

（1）功能区：单击"实体编辑"面板"删除面"工具按钮。

（2）工具栏：单击"实体编辑"工具栏"删除面"按钮。

（3）菜单栏：执行"修改"→"实体编辑"→"删除面"命令。

执行上述任一命令后，在"绘图区"选择要删除的面，按回车键或单击右键即可执行实体面删除操作，如图 10-14 所示。

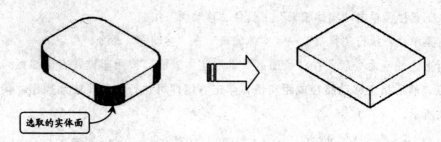

图 10-14　删除实体面

4. 旋转实体面

执行旋转实体面操作，能够将单个或多个实体表面绕指定的轴线进行旋转，或者旋转实体的某些部分形成新的实体。在 AutoCAD 2016 中调用"旋转面"有如下几种常用方法：

（1）功能区：单击"实体编辑"面板"旋转面"工具按钮。

（2）工具栏：单击"实体编辑"工具栏"旋转面"按钮。

（3）菜单栏：执行"修改"→"实体编辑"→"旋转面"命令。

执行上述任一命令后，在"绘图区"选取需要旋转的实体面，捕捉两点为旋转轴，并指定旋转角度，按回车键，即可完成旋转操作，效果如图 10-15 所示。

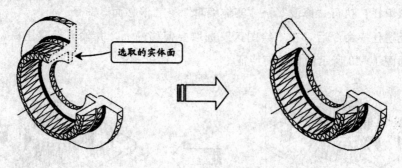

图 10-15　旋转实体面

5. 倾斜实体面

在编辑三维实体面时，可利用"倾斜实体面"工具将孔、槽等特征沿矢量方向，和指定特定的角度进行倾斜操作，从而获取新的实体。在 AutoCAD 2016 中调用"倾斜面"有如下几种常用方法：

（1）功能区：单击"实体编辑"面板"倾斜面"工具按钮。

（2）工具栏：单击"实体编辑"工具栏"倾斜面"按钮。

（3）菜单栏：执行"修改"→"实体编辑"→"倾斜面"命令。

执行上述任一命令后，在"绘图区"选取需要倾斜的曲面，并指定倾斜曲面参照轴线基点和另一个端点，输入倾斜角度，按回车键或单击鼠标右键即可完成倾斜实体面操作，其效果如图 10-16 所示。

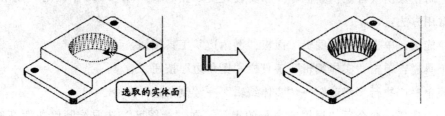

选取的实体面

图 10-16 倾斜实体面

6. 实体面着色

执行实体面着色操作可修改单个或多个实体面的颜色，以取代该实体对象所在图层的颜色，可更方便查看这些表面。在 AutoCAD 2016 中调用"着色面"有如下几种常用方法：

（1）功能区：单击"实体编辑"面板"着色面"工具按钮。

（2）工具栏：单击"实体编辑"工具栏"着色面"按钮。

（3）菜单栏：执行"修改"→"实体编辑"→"着色面"命令。

执行上述任一命令后，在"绘图区"指定需要着色的实体表面，按回车键，系统弹出"选择颜色"对话框。在该对话框中指定填充颜色，单击"确定"按钮，即可完成面着色操作。

7. 拉伸实体面

在编辑三维实体面时，可使用"拉伸面"工具直接选取实体表面执行面拉伸操作，从而获取新的实体。在 AutoCAD 2016 中调用"拉伸面"有如下几种常用方法：

（1）功能区：单击"实体编辑"面板"拉伸面"工具按钮。

（2）工具栏：单击"实体编辑"工具栏"拉伸面"按钮。

（3）菜单栏：执行"修改"→"实体编辑"→"拉伸面"命令。

AutoCAD 将第一个点作为基点，并相对于基点放置一个副本。如果只指定一个点，AutoCAD 将把原始选择点作为基点，下一点作为位移点。

10.2.2 编辑三维实体

在对三维实体进行编辑时，不仅可以对实体上单个表面和边线执行修改操作，同时还可以对整个实体执行修改与相应操作。

1. 创建倒角和圆角

"倒角"和"圆角"工具不仅在二维环境中能够实现，同样使用这两种工具能够创建三维对象的倒角和圆角效果的处理。

（1）三维倒角。

在三维建模过程中创建倒角特征主要用于孔特征零件或轴类零件，为方便安装轴上其他零件，防止擦伤或者划伤其他零件和安装人员。在 AutoCAD 2016 中调用"倒角"有如下几种常用方法：

①功能区：单击"实体编辑"面板"倒角边"工具按钮。

②工具栏：单击"实体编辑"工具栏"倒角边"按钮。

③菜单栏：执行"修改"→"实体编辑"→"倒角边"命令。

执行上述任一命令后，根据命令行的提示，在"绘图区"选取绘制倒角所在的基面，按回车键分别指定倒角距离，指定需要倒角的边线，按回车键即可创建三维倒角，效果如图 10-17 所示。

图 10-17 创建三维倒角

（2）三维圆角。

在三维建模过程中创建圆角特征主要用在回转零件的轴肩处，以防止轴肩应力集中，在长时间的运转中断裂。在 AutoCAD 2016 中调用"圆角"有如下几种常用方法：

①功能区：单击"实体编辑"面板"圆角边"工具按钮。

②工具栏：单击"实体编辑"工具栏"圆角边"按钮。

③菜单栏：执行"修改"→"实体编辑"→"圆角边"命令。

执行上述任一命令后，在"绘图区"选取需要绘制圆角的边线，输入圆角半径，按回车键，其命令行出现"选择边或［链（C）/环（L）/半径（R）］"提示。选择"链"选项，则可以选择多个边线进行倒圆角；选择"半径"选项，则可以创建不同半径值的圆角，按回车键即可创建三维倒圆角，如图 10-18 所示。

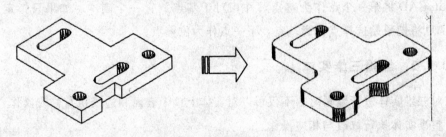

图 10-18 创建三维圆角

2. 抽壳

通过执行"抽壳"操作可将实体以指定的厚度，形成一个空的薄层，同时还允许将某些指定面排除在壳外。指定正值，程序将从圆周外开始抽壳，指定负值，程序将从圆周内开始抽壳。在 AutoCAD 2016 中调用"抽壳"有如下几种常用方法：

①功能区：单击"实体编辑"面板"抽壳"工具按钮。

②工具栏：单击"实体编辑"工具栏"抽壳"按钮。

③菜单栏：执行"修改"→"实体编辑"→"抽壳"命令。

执行上述任一命令后，可根据设计需要保留所有面执行抽壳操作（即中空实体）或删除单个面执行抽壳操作，分别介绍如下：

（1）删除抽壳面。

该抽壳方式通过移除面形成内孔实体。执行"抽壳"命令，在绘图区选取待抽壳的实体，继续选取要删除的单个或多个表面并单击右键，输入抽壳偏移距离，按回车键，即可完成抽壳操作，其效果如图 10-19 所示。

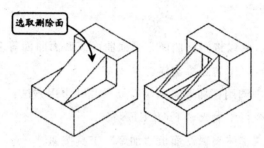

图 10-19　删除面执行抽壳操作

（2）保留抽壳面。

该抽壳方法与删除面抽壳操作不同之处在于：该抽壳方法是在选取抽壳对象后，直接按回车键或单击右键，并不选取删除面，而是输入抽壳距离，从而形成中空的抽壳效果，如图 10-20 所示。

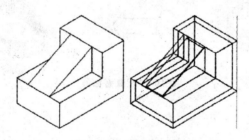

图 10-20　保留抽壳面

3. 剖切实体

在绘图过程中，为了表达实体内部的结构特征，可假想一个与指定对象相交的平面或曲面，将该实体剖切从而创建新的对象。可根据设计需要通过指定点、选择曲面或平面对象来定义剖切平面。在 AutoCAD 2016 中调用"剖切"有如下几种常用方法：

（1）命令行：在命令行中输入"SLlCE/SL"。

（2）功能区：单击"实体编辑"面板中的"剖切"工具按钮。

（3）菜单栏：执行"修改"→"三维操作"→"剖切"命令。

执行上述任一命令后，就可以通过剖切现有实体来创建新实体。作为剖切平面的对象可以是曲面、圆、椭圆、圆弧、椭圆弧、二维样条曲线或二维多段线。在剖切实体时，可以保留剖切实体的一半或全部。剖切实体不保留创建它们的原始形式的记录，只保留原实体的图层和颜色特性，如图 10-21 所示。

图 10-21　实体剖切效果

4. 加厚曲面

在三维建模环境中，可以将网格曲面、平面曲面或截面曲面等多种曲面类型的曲面通过加厚处理形成具有一定厚度的三维实体。

在 AutoCAD 2016 中调用"加厚"命令有如下几种常用方法：

（1）命令行：在命令行中输入"THICKEN"。

（2）功能区：单击"实体编辑"面板"加厚"工具按钮。

（3）菜单栏：执行"修改"→"三维操作"→"加厚"命令。

执行上述任一命令后即可进入"加厚"模式，直接在"绘图区"选择要加厚的曲面，然后单击右键或按回车键后，在命令行中输入厚度值并按回车键确认，即可完成加厚操作，如图 10-22 所示。

图 10-22　曲面加厚

10.2.3　干涉检查

"干涉检查"通过从两个或多个实体的公共体积创建临时组合三维实体，来显亮重叠的三维实体，如果定义了单个选择集，干涉检查将对比检查集合中的全部实体。如果定义了两个选择集，干涉检查将对比检查第一个选择集中的实体与第二个选择集中的实体。如果在两个选择集中都包括了同一个三维实体，干涉检查将此三维实体视为第一个选择集中的一部分，而在第二个选择集中忽略它。

在 AutoCAD 2016 中调用"干涉检查"有如下几种常用方法：

（1）命令行：在命令行中输入"INTERFERE"。

（2）功能区：单击"实体编辑"面板"干涉"工具按钮。

（3）菜单栏：执行"修改"→"三维操作"→"干涉检查"命令。

执行上述任一命令后，默认情况下，选择第一组对象后，按回车键，命令行将显示"选择第二组对象或［嵌套选择（N）/检查第一组（K）］＜检查＞:"提示，此时，按回车键，将弹出"干涉检查"对话框。

"干涉检查"对话框可以使用户在干涉对象之间循环并缩放干涉对象，也可以指定关闭对话框时是否删除干涉对象。其中，在"干涉对象"选项区域中，显示执行"干涉检查"命令时每组对象的数目及在此期间找到的干涉数目；在"显亮"选项区域中，可以通过"上一个"和"下一个"按钮，在对象中循环时显亮干涉对象，通过选中"缩放对"复选框缩放干涉对象；通过"缩放"、"平移"和"三维动态观测器"按钮，来缩放＼移动和观察干涉对象。

在命令行的"选择第一组对象或［嵌套选择（N）/设置（S）:"提示下，选择"嵌套选择"选项，使用户可以选择嵌套在块和外部参照中的单个实体对象。此时命令行将显示"选择嵌套对象或［退出（X）］＜退出（X）＞:"提示，可以选择嵌套对象或按回车键返回普通对象选择。在命令行的"选择第一组对象或［嵌套选择（N）/设置（S）］"提示下，选择"设置"选项，系统弹出"干涉设置"对话框。

"干涉设置"对话框用于控制干涉对象的显示。其中"干涉对象"选项区域用于指定干涉对象的视觉样式和颜色，是亮显实体的干涉对象，还是亮显从干涉点对中创建的干涉对象。"视口"选项区域则用于指定检查干涉时的视觉样式，如图 10-23 所示为得到的显示干涉对象。

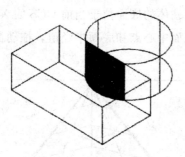

图 10-23　显示干涉对象

10.3　曲面绘制

在 AutoCAD 中，不仅可以绘制球体、圆锥体、圆柱体等三维网格图元，还可以绘制旋转网格、平移网格、直纹网格和边界网格。使用菜单栏"绘图→建模→网格"子菜单中的命令即可绘制这些曲面。

10.3.1　三维基本曲面的绘制

使用三维命令可以绘制三维的基本曲面，例如长方体曲面、圆锥体曲面、球面、楔体曲面、网格、棱锥曲面等，下面将分别进行介绍。

1. 网格长方体的绘制

网格长方体主要用于创建长方体或正方体的表面。在默认情况下，长方体的底面总是与当前用户坐标系的 XY 平面平行。执行"绘图→建模→网格→图元→长方体"命令，根据命令提示，指定长方体底面方形的起点和终点，并指定长方体高度值，即可完成网格长方体的绘制，如图 10-24 所示。

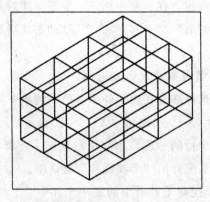

图 10-24　网格长方体

2. 网格圆锥体的绘制

执行"绘图→建模→网格→图元→圆锥体"命令，可以创建以圆或椭圆为底面的网格圆柱体。默认情况下，网格圆柱体的底面位于当前 UCS 的 XY 平面上。圆柱体的高度与 Z 轴平行。执行该命令，指定底面中心点和底面半径值，拖动鼠标指定圆柱体高度值，即可完成创建，如图 10-25 所示。

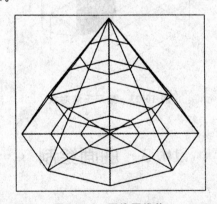

图 10-25　网格圆锥体

3. 网格楔体的绘制

可以创建面为矩形或正方形的网格楔体，默认情况下，将楔体的底面绘制为与当前 UCS 的 XY 平面平行，斜面正对第一个角点。楔体的高度与 Z 轴平行。执行"绘图→建模→网格→图元→楔体"命令，指定好楔体底面两个角点，并指定楔体高度即可，如图 10-26 所示。

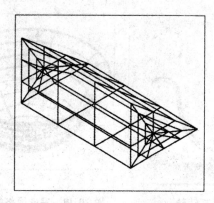

图 10-26　网格楔体

4. 网格圆柱体的绘制

可以创建以圆或椭圆为底面的网格圆柱体。默认情况下，网格圆柱体的底面位于当前 UCS 的 *XY* 平面上。圆柱体的高度与 *Z* 轴平行。执行"绘图→建模→网格→图元→圆柱体"命令，指定底面中心点和底面半径值，拖动鼠标指定圆柱体高度值即可，如图 10-27 所示。

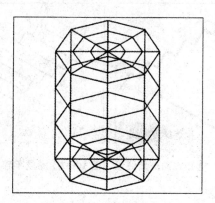

图 10-27　网格圆柱体

10.3.2　三维特殊曲面的绘制

以上介绍的是基本三维曲面的绘制方法，下面将介绍一些三维特殊曲面的绘制方法，例如旋转网格、平移网格、直纹网格以及边界网格。

1. 旋转网格

旋转网格是由一条轨迹线围绕指定的轴线旋转生成的曲面图形。中间作为轨迹线的线段有直线、圆弧、圆、椭圆、椭圆弧、样条曲线、二维多段线及三维多段线等。执行"绘图→建模→网格→旋转网格"命令，根据命令行提示，选择需要旋转的轨迹线，并选中旋转轴，其后输入旋转角度即可，如图 10-28、图 10-29 所示。

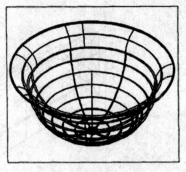

图 10-28　选择旋转轴　　　　图 10-29　完成网格的旋转操作

2. 平移网格

平移网格由轮廓曲线和方向矢量定义，轮廓曲线可以是直线、圆弧、圆、样条曲线、二维多段线及三维多段线等对象；方向矢量可以是直线或非闭合的二维多段线、三维多段线等对象。执行"绘图→建模→网格→平移网格"选项，根据命令行提示进行绘制操作，如图 10-30、图 10-31 所示。

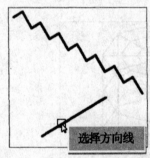
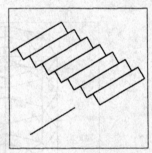

图 10-30　选择方向矢量线段　图 10-31　完成平移网格操作

3. 直纹网格

可在两条直线或曲线之间创建网格，可以使用两种不同的方式定义直纹网格的边界。执行"绘图→建模→网格→直纹网格"命令，根据命令行提示，依次选中要定义的两条曲线即可，如图 10-32、10－33 所示。

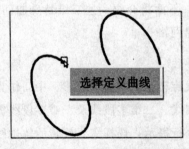
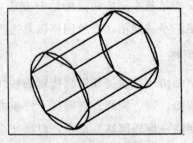

图 10-32　选择定义曲线　　　图 10-33　完成直纹曲线的绘制

4. 边界网格

边界网格是指以相互连接的 4 条边作为曲面边界形成的曲面。执行"绘图→建模→网格→边界网格"命令，根据命令行提示，依次选择 4 条边界线即可完成，如图 10-34、图 10-35 所示。

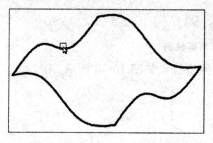
图 10-34　依次选择 4 条边界线

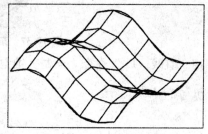
图 10-35　完成边界网格的绘制

10.4　应用案例

10.4.1　创建管道接口

绘制如图 10-36 所示的管道接头三维实体模型，使读者更加了解三维实体图形的绘制工具以及编辑工具的使用。

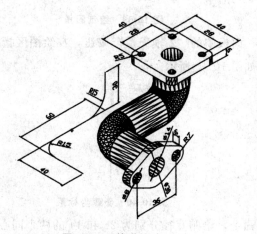
图 10-36　管道接头

本实例的操作步骤如下：

1. 启动 AutoCAD 2016 并新建文件

单击"快速访问"工具栏中的"新建"按钮，系统弹出"选择样板"对话框，选择"acadiso.dwt"样板，单击"打开"按钮，进入 AutoCAD 绘图模式。

2. 绘制扫掠特征

（1）单击绘图区左上角的视图快捷控件，将视图切换至"东南等轴测"，此时绘图区呈三维空间状态，其坐标显示如图 10-37 所示。

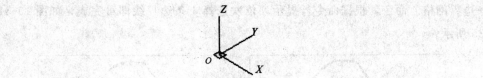

图 10-37 东南等轴测

（2）调用"直线（L）"命令，绘制三维空间直线，如图 10-38 所示。

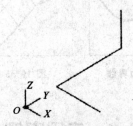

图 10-38 绘制空间三维直线

（3）调用"圆角（F）"命令，绘制半径为 15 的圆角，如图 10-39 所示。

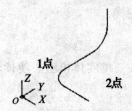

图 10-39 绘制圆角

（4）单击"坐标"面板中的"Z 轴矢量"按钮，在绘图区指定两点作为坐标系 Z 轴的方向，其新建坐标系如图 10-40 所示。

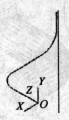

图 10-40 新建坐标系

（5）调用"圆"命令，绘制直径分别为 26 和 14 的两个同心圆，如图 10-41 所示。

图 10-41 绘制的圆图形

（6）调用"面域（REG）"命令，然后在绘图区选择绘制的两个圆创建面域。

（7）创建面域求差，调用"差集（SU）"命令，然后在绘图区选择直径为 26 的圆作为从中减去的面域，单击鼠标右键，选择直径为 14 的圆作为减去的面域，单击鼠标右键或按回车键，完成面域求差操作。

（8）调用"扫掠（SWEEP）"命令，选择直线为扫掠路径，选择面域为扫掠截面，生成如图 10-42 所示实体模型。

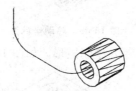

图 10-42　扫掠实体图形

（9）单击"实体编辑"面板中的"拉伸面"工具按钮，在绘图区选择要拉伸的面，单击鼠标右键确定，在命令行输入 P，选择拉伸路径，完成拉伸面操作，如图 10-43 所示。

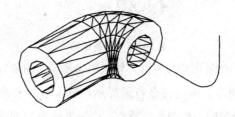

图 10-43　拉伸面

（10）利用相同的方法拉伸其余的面，最终效果如图 10-44 所示。

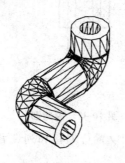

图 10-44　拉伸面完成效果图

3. 绘制法兰接口

（1）单击"坐标"面板中的"世界"按钮，返回到世界坐标系状态。

（2）单击"坐标"面板中的"UCS"按钮，在绘图区合适的位置单击，按回车键，完成移动 UCS 坐标操作，如图 10-45 所示。

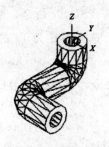

图 10-45　移动坐标系

（3）调用"矩形（REC）"命令，绘制矩形，如图 10-46 所示。

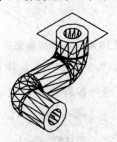

图 10-46　绘制矩形

（4）单击绘图区左上角的视图快捷控件，将视图切换至"俯视"，进入二维绘图模式。

（5）调用"圆（C）"命令，根据命令行的提示，输入圆心坐标（14，14），绘制半径为 7 的圆。重复操作，指定所绘制的矩形中心为圆心，绘制半径为 14 的圆，如图 10-47 所示。

图 10-47　绘制圆

（6）调用"阵列（AR）"命令，设置行偏移和列偏移为 28，上一步绘制的圆，如图 10-48 所示。

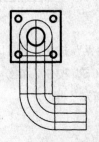

图 10-48　阵列图形

（7）调用"面域（REG）"命令，将上面绘制的矩形和圆创建成面域。

（8）创建面域求差，调用"差集（SU）"命令，然后在绘图区选择绘制的矩形作为从中减去的面域，单击鼠标右键，选择绘制的圆作为减去的面域，单击鼠标右键或按回车键，完成面域求差操作。

（9）调用"拉伸（EXT）"命令，拉伸面域，指定高度为 6，如图 10-49 所示。

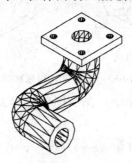

图 10-49　拉伸面域

（10）调用倒圆角命令，绘制圆角特征，设置圆角半径为 5，如图 10-50 所示。

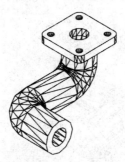

图 10-50　绘制圆角

（11）单击"坐标"面板中的"面（UCS）"按钮，在绘图区指定合适的平面，其新建坐标系如图 10-51 所示。

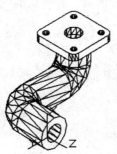

图 10-51　新建坐标系

（12）调用"圆（C）"命令，绘制圆图形，各圆大小及位置尺寸详见图 10-52 所示。

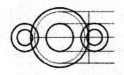

图 10-52　绘制圆

（13）调用"直线（L）"命令，捕捉切点绘制直线，如图 10-53（a）所示。

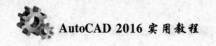

（14）调用"修剪（TR）"命令，修剪掉多余的线条，如图 10-53（b）所示。

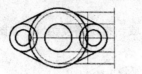

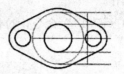

（a）绘制直线 　　　　　　　（b）修剪图形

图 10-53　绘制直线和修剪图形

（15）调用"面域（REG）"命令，在绘图区选择绘制的图形，单击鼠标右键创建面域。

（16）创建求差面域，调用"差集（SU）"命令，然后在绘图区选择从中减去的面域，单击鼠标右键，选择要减去的圆孔面域，单击鼠标右键或按回车键，完成面域求差操作。

（17）调用"拉伸（EXT）"命令，拉伸面域，指定拉伸高度为 6，如图 10-54 所示。

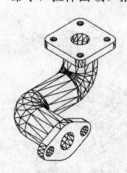

图 10-54　拉伸面域

（18）创建实体求和，调用"并集（UNI）"命令，然后窗选所有的实体图形，单击鼠标右键，完成并集操作，如图 10-55 所示。着色后的三维实体图形，如图 10-56 所示。

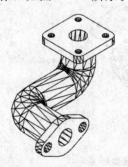

图 10-55　并集后消隐模式 　　　　　**图 10-56　着色图形**

10.4.2　绘制别墅实体模型

本例将根据别墅施工图创建别墅实体模型，以练习 AutoCAD 常用建模方法。别墅建筑平面及立面施工图如图 10-57 所示。

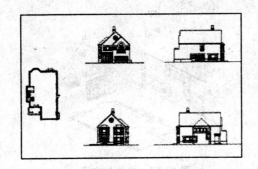

图 10-57　别墅平面及立面图

1. 启动 AutoCAD 2016 并新建文件

单击"快速访问"工具栏中的"打开"按钮，打开配套光盘中的"别墅建模文件.dwg"，进入 AutoCAD 绘图模式。

2. 制作三视图

（1）按 M 键启用"移动"工具，选择正立面与左立面图形，通过某参考点将其与平面图对齐，如图 10-58 所示。

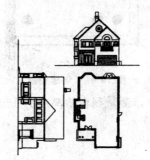

图 10-58　对齐平面与立面图

（2）单击绘图区左上角的视图快捷控件，将视图切换至"东南等轴测"，并使用 3DROTATE "旋转"命令将别墅正立面旋转 90°，以方便创建模型，如图 10-59 所示。

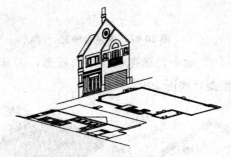

图 10-59　旋转正立面

（3）重复类似的操作，调整左侧立面图与平面图的关系如图 10-60 所示。

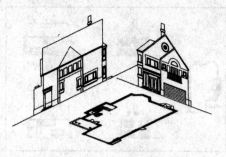

图 10-60　旋转左立面

3. 建立正立面模型

（1）首先建立台阶模型，调用"矩形（REC）"命令，捕捉平面图中的端点创建一个矩形，如图 10-61 所示。

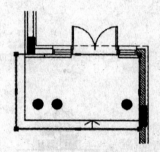

图 10-61　创建矩形

（2）输入"测量（DI）"命令，测量到台阶高度为 150，如图 10-62 所示。

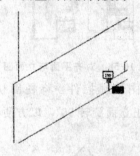

图 10-62　测量台阶高

（3）调用"拉伸（EXT）"命令，选择创建好的矩形，将其拉伸 150，如图 10-63 所示，得到第一个台阶实体模型，如图 10-64 所示。

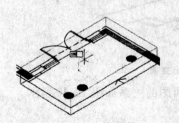

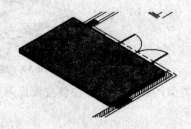

图 10-63　拉伸台阶　　　　　　图 10-64　得到台阶实体模型

（4）重复以上操作完成第二个台阶实体模型的制作。

（5）接下来制作装饰圆柱实体模型。切换视图至右视图，输入"多段线（PL）"命令，如图 10-65 所示勾勒半个圆柱轮廓。

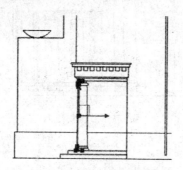

图 10-65 勾勒圆柱轮廓

（6）调用"旋转（REV）"命令，得到如图 10-66 所示的圆柱实体模型。

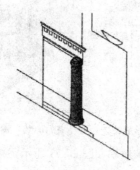

图 10-66 通过旋转获得圆柱实体模型

（7）将视图转换至"俯视图"，调用"复制（CO）"命令，对圆柱进行复制。

（8）单击绘图区左上角的视图快捷控件，将视图切换至"前视"，选择制作好的圆柱实体模型，参考平面图中标识的数量与位置，选择"测量（DI）"命令和"移动（M）"命令，移动得到如图 10-67 所示的模型效果。

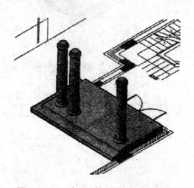

图 10-67 复制并调整圆柱位置

（9）圆柱制作完成后，接下来制作其上方的门头造型，将视图切换至前视图，参考立面图纸利用矩形工具绘制如图 10-68 所示的矩形。

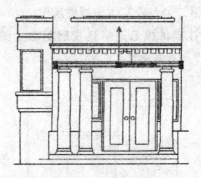

图 10-68　绘制矩形

（10）在左侧立面图中如图 10-69 所示测量其长度，然后利用"拉伸（EXT）"命令得到实体模型，并调整其位置如图 10-70 所示。

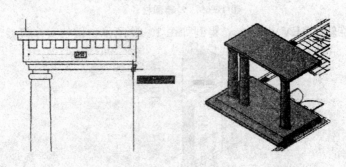

图 10-69　测量长度　　　　图 10-70　调整位置

（11）重复类似的操作，完成门头效果如图 10-71 所示，接下来进行其装饰细节的制作。

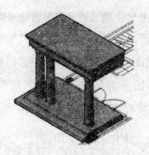

图 10-71　门头效果

（12）调用"矩形（REC）"命令，参考左侧立面图纸绘制多个矩形，如图 10-72 所示。

图 10-72　绘制多个矩形

（13）利用"拉伸（EXT）"命令将其拉伸 50，得到实体模型，再利用旋转与复制工具完成如图 10-73 所示的门头装饰细节的制作。

图 10-73　绘制装饰细节

（14）再次调用"矩形（REC）""拉伸（EXT）"命令，完成其上方造型的制作，得到门头的最终效果如图 10-74 所示。

图 10-74　门头完成效果

（15）制作右侧车库门墙体。首先参考正立面图纸利用"多段线（PL）"命令绘制轮廓线，如图 10-75 所示。

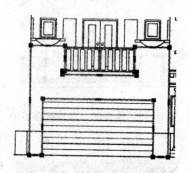

图 10-75　绘制车库门轮廓线

（16）选择轮廓线形将其拉伸 300，得到如图 10-76 所示的实体模型效果，然后继续绘制如图 10-77 所示的墙体模型。

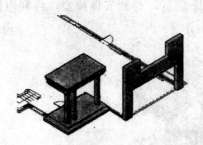

图 10-76 拉伸实体   图 10-77 绘制墙体

（17）完成正立面右侧墙体的绘制后，调用"多段线（PL）"、"拉伸（EXT）"以及"旋转（REV）"命令，绘制如图 10-78 所示的栏杆与花盆实体模型。

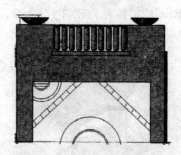

图 10-78 绘制栏杆与花盆

（18）调用"多段线（PL）"命令，绘制正立面左侧下层墙体，如图 10-79 所示。

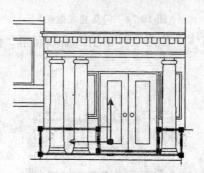

图 10-79 绘制底层墙垛轮廓线形

（19）将其拉伸 300，并调整其位置如图 10-80 所示，再绘制其上方的墙体实体模型。

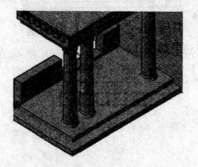

图 10-80 拉伸墙垛实体

（20）调用"多段线（PL）"命令，参考正立面勾勒出如图 10-81 所示轮廓线形。

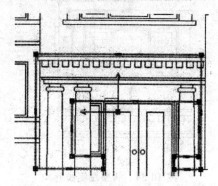

图 10-81　绘制下层墙体轮廓线形

（21）将其拉伸 250 得到实体模型，并调整其位置如图 10-82 所示。

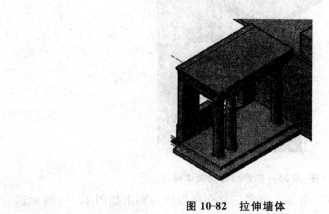

图 10-82　拉伸墙体

（22）调用"多段线（PL）"命令，参考正立面图勾勒出如图 10-83 所示的墙体线形。

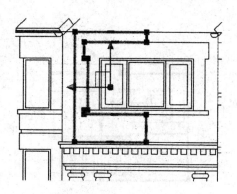

图 10-83　勾勒墙体线形

（23）调用"镜像（MI）"命令，复制出右侧的墙体线形，然后利用夹点编辑功能，调整其形状如图 10-84 所示。

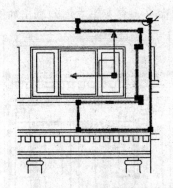

图 10-84 调整左侧线形

（24）调整好轮廓线形后将其拉伸 250，得到如图 10-85 所示的实体效果。

图 10-85 拉伸出左侧墙体模型

（25）调用"多段线（PL）"命令，参考正立面平面图勾勒出如图 10-86 所示的墙体轮廓线形。

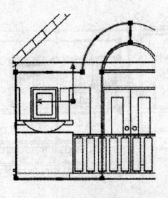

图 10-86 绘制圆

（26）选择轮廓线形将其拉伸 250，获得如图 10-87 所示墙体实体模型。

图 10-87　拉伸墙体实体模型

（27）根据窗洞大小制作一个长方体，然后利用"差集（SU）"运算，如图 10-88 所示制作出窗洞效果。

图 10-88　布尔运算制作窗洞

（28）调用"镜像（MI）"命令制作另一侧墙体模型，如图 10-89 所示。

图 10-89　镜像右侧墙体

（29）完成第二层所有墙体的绘制后，最终调整墙体的位置如图 10-90 所示。

图 10-90　调整空洞与墙体位置

（30）接下来制作上层墙体实体模型，首先调用"多段线（PL）"命令勾勒上层墙体线形，如图 10－91 所示。

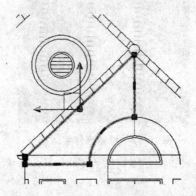

图 10-91　绘制墙体轮廓线形

（31）调用"拉伸（EXT）"命令、"镜像"命令，完成顶层右侧墙体如图 10-92 所示。

图 10-92　上层墙体实体模型一

（32）调用"多段线（PL）"、"拉伸（EXT）"命令以及布尔差集运算，完成左侧上层墙体造型如图 10-93 所示。

图 10-93　上层墙体实体模型二

（33）完成正立面的模型制作，使用类似的方法制作其他立面的墙体如图 10-94 所示。

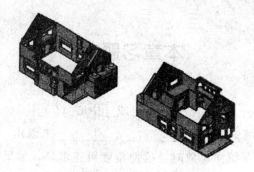

图 10-94　其他立面的墙体效果

（34）完成墙体模型的制作后，再通过多段线工具与拉伸命令完成屋顶模型如图
10-95 所示。

图 10-95　制作屋顶模型

（35）根据图纸中的门窗数据，如图 10-96 绘制好所有门窗模型并调整好位置，最终
得到如图 10-97 所示的模型。

图 10-96　制作门窗模型

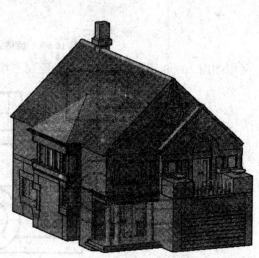

图 10-97　最终别墅完成效果

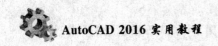

本章习题

1. 绘制长方体时，当在"指定第一个角点或［中心（C）］:"命令行提示下选择"长度（L）"选项时，可以根据_____、_____、_____来创建。

2. 在使用"拉伸"命令拉伸对象时，拉伸角度可正可负，如果要产生内锥效果，角度应为_____。

3. 简述绘制三维实体的步骤和要点。

4. 简述绘制曲面的要点。

5. 绘制如图 10-98 所示的各三维实体。

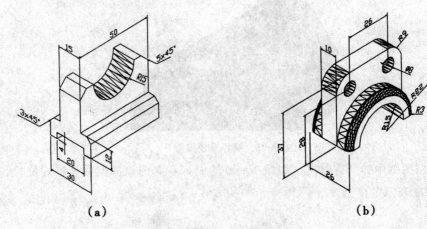

(a)　　　　　　　　　　　　　　　(b)

图 10-98　绘图练习

6. 利用如图 10-99 所示的二维视图，绘制三维实体模型。

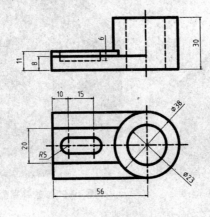

图 10-99　二维视图

第11章　输出图形文件

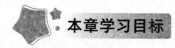

本章学习目标

· 了解图形文件的相关内容。
· 熟悉输出图形文件的方法步骤。

11.1　模型空间和图纸空间

AutoCAD 2016 提供了两种制图空间，分别是模型空间和图纸空间。在这两种空间中设计完成图形后，可以利用打印机将图形打印输出，施工人员根据输出的文件就可以进行施工。

在 AutoCAD 2016 中，图纸空间用于创建最终的打印布局，而不用于绘图或设计工作，而模型空间用于创建图形。如果仅绘制二维图形文件，那么在模型空间和图纸空间没有太大差别，均可以进行设计工作。但如果是三维图形设计，则只能在图纸空间进行图形的文字编辑和图形输出等工作。

11.1.1　模型空间

模型空间是指可以在其中绘制二维和三维模型的空间，即一种造型工作环境。在这个空间中可以使用 AutoCAD 的全部绘图、编辑命令，它是 AutoCAD 为用户提供的主要工作空间。前面各章节实例的绘制都是在模型空间中进行的，AutoCAD 在运行时自动默认在模型空间中进行图形的绘制与编辑。

模型空间提供了无限的绘图区域，可以按 1:1 的比例绘图，并可以确定单位是 1 mm、1 dm 还是其他常用的单位。

11.1.2　图纸空间

单击"布局"选项卡，进入图纸空间。图纸空间是一个二维空间，类似于绘图时的绘图纸。图纸空间主要用于图纸打印前的布图、排版，添加注释、图框，设置比例等工作。因此将其称为"布局"。

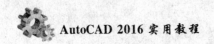

图纸空间作为模拟的平面空间，其所有坐标都是二维的，其采用的坐标和在模型空间中采用的坐标是一样的，只有 UCS 图标变为三角形显示。

图纸空间像一张实际的绘图纸，也有大小，如 A1、A2、A3、A4 等，其大小由页面设置确定，虚线范围内为打印区域。

11.1.3 模拟空间与图纸空间的关系

通过上面的简单介绍，可以看出在 AutoCAD 2016 中，模型空间与图纸空间大致存在以下 3 种关系。

（1）平行关系。

模型空间与图纸空间是平行关系，相当于两张平行放置的纸。

（2）单向关系。

如果把模型空间和图纸空间比喻成两张纸，那么模型空间在底部，图纸空间在上部，从图纸空间可以看到模型空间（通过视口），但从模型空间看不到图纸空间，因此它们之间是单向关系。

（3）无连接关系。

因为模型空间和图纸空间相当于两张平行放置的纸张，它们之间没有连接关系。也就是说，要么画在模型空间，要么画在图纸空间。在图纸空间激活视口，然后在视口内绘图，它是通过视口画在模型空间上的，尽管所处位置在图纸空间，相当于用户面对着图纸空间，把笔伸进视口到达模型空间编辑。

这种无连接关系与图层不同，尽管对象被放置在不同的层内，但图层与图层之间的相对位置始终保持一致，使得对象的相对位置永远正确。模型空间与图纸空间的相对位置可以变化，甚至完全可以采用不同的坐标系，所以，至今尚不能做到将部分对象放置在模型空间，部分对象放置在图纸空间。

11.2 图形布局

AutoCAD 用模型空间和图纸空间进行图形的绘制与编辑，当打开 AutoCAD 时，将自动新建一个 DWG 格式的图形文件，在绘图区左下边缘可以看到"模型""布局 1"和"布局 2" 3 个选项卡。默认状态是"模型"选项卡，当处于"模型"选项卡时，绘图区就属于模型空间状态。当处于"布局"选项卡时，绘图区就属于图纸空间状态。

11.2.1 布局的概念

在 AutoCAD 2016 中，图纸空间是以布局的形式来使用的。它模拟图纸页面，提供直观的打印设置。在布局中可以创建并放置视口对象，还可以添加标题栏或其他几何图形。

一个图形文件可以包含多个布局，每个布局代表一张单独的打印输出图纸，其包含不同的打印比例和图纸尺寸。布局显示的图形与图纸页面上打印出来的图形完全一样。

布局最大的特点就是多样的出图方案，更为方便地解决设计完成后，应用不同的出图方案将图纸输出。例如，在设计过程中，为了查看方便而且节约成本，设计师们用 A3 纸打印即可，而正式出图时需要使用 A0 纸出图。这在设计过程中是一个往返的过程，如果单纯使用模型空间绘制，每次输出都需要进行一些调整与配置。AutoCAD 2016 的多布局功能可以很好地解决类似的情况，从而提高工作效率。

11.2.2　创建布局

在 AutoCAD 2016 中，用户可以创建多种布局，每个布局都代表一张单独的打印输出图纸，创建新布局后，就可以在布局中创建浮动视口。视口中的各个视图可以使用不同的打印比例，并能控制视图中图层的可见性。创建新布局的方法有两种：直接创建新布局和使用"创建布局"向导。

1. 直接创建新布局

命令：LAYOUT。

调用该命令后，在命令行提示下输入新布局的名称，比如"工程 A3"，即可创建一个名为"工程 A3"的新布局。

用户还可以右击"布局"选项卡，从弹出的快捷菜单中选择"新建布局"命令，即可创建一个名为"布局 3"的新布局。

2. 使用"创建布局"向导

这是新建布局常用的方法。布局向导包含一系列页面，这些页面可以引导用户逐步完成新建布局的过程。可以选择从头创建新布局，也可以基于现有的布局样板创建新布局。根据当前配置的打印设备，从可用的图纸尺寸中选择一种图纸尺寸。还可以选择预定义标题块，应用于新的布局。

11.3　页面设置

页面设置是打印设备和其他影响最终输出外观和格式的设置的集合，可以修改这些设置并将其应用到其他布局中。页面设置中指定的各种设置和布局一起存储在图形文件中，可以随时修改页面设置中的设置。

在 AutoCAD 2016 中，打开"页面设置管理器"对话框的方法有以下两种。

• 命令：PAGESETUP。

• 切换到图纸空间，在"布局"选项卡上右击，在弹出的快捷菜单中选择"页面设置

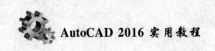

管理器"命令。

调用该命令后,打开"页面设置管理器"对话框。

"页面设置管理器"对话框中各选项功能如下。

(1) 当前页面设置。

显示应用于当前布局的页面设置。由于在创建整个图纸集后,不能再对其应用页面设置,因此,如果从图纸集管理器中打开页面设置管理器,将显示"不适用"。

其下为页面设置列表框,列出可应用于当前布局的页面设置,或列出发布图纸集时可用的页面设置。如果从某个布局打开页面设置管理器,则默认选择当前页面设置。

(2) 置为当前。

将所选页面设置为当前布局的当前页面设置,不能将当前布局设置为当前页面设置,"置为当前"按钮对图纸集不可用。

(3) 新建。

单击"新建"按钮,打开"新建页面设置"对话框。

①新页面设置名:指定新建页面设置的名称。

②基础样式:指定新建页面设置要使用的基础页面设置。

•无:指定不使用任何基础页面设置,可修改"页面设置"对话框中的默认设置。

•默认输出设备:指定将"选项"对话框的"打印和发布"选项卡中指定的默认输出设备,设置为新建页面设置的打印机。

•上一次打印:指定新建页面设置使用上一个打印作业中指定的设置。

(4) 修改。

单击"修改"按钮,打开"页面设置-模型"对话框,该对话框的设置与打印参数的设置类似。

(5) 输入。

显示"从文件选择页面设置"对话框。

(6) 选定页面的详细信息。

显示所选页面设置的信息。指定的打印设备的名称、类型,指定的打印大小和方向,指定的输出设备的物理位置、文字说明。

(7) 创建新布局时显示。

指定当选中新的布局选项卡或创建新的布局时,显示"页面设置"对话框。

11.4 布局视口

图纸空间可以理解为覆盖在模型空间上的一层不透明的纸,需要从图纸空间看模型空间的内容,必须进行"开窗"操作,也就是开"视口"。视口的大小、形状可以随意使用,视口的大小将决定在某特定比例下所看到的对象的多少。

在视口中对模型空间的图形进行缩放（ZOOM）、平移（PAN）和改变坐标系（UCS）等的操作，可以理解为拿着这张开有窗口的"纸"放在眼前，然后做离模型空间的对象远或者近（等效 ZOOM）、左右移动（等效 PAN）、旋转（等效 UCS）等操作。更形象地说，即这些操作是针对图纸空间这张"纸"的，因此在图纸空间进行若干操作，但是对模型空间没有任何影响。

11.4.1　创建和修改布局视口

1. 创建矩形视口

在图纸空间中创建视口的方式与"模型"布局中创建视口的方法一样，都是通过视口命令来执行的，具体有以下方式。

• 命令：VPORTS。

• 工具栏：在功能区选项板中选择"视图"选项卡，在"视口"面板中单击"新建"按钮。

执行以上操作可以打开"视口"对话框。在"新建视口"选项卡中选择需要的选项，完成视口操作。

2. 创建非矩形视口

（1）创建多边形视口。

用指定的点创建具有不规则外形的视口。调用该命令的方法如下。

菜单栏："视图"→"视口"→"多边形视口"命令。

调用该命令后，命令行提示如下。

指定起点：｜｜指定点

指定下一个点或 ［圆弧（A）/闭合（C）/长度（L）/放弃（U）］：｜｜指定点或输入选项

各选项作用如下。

• 指定下一点：指定点。

• 圆弧（A）：向多边形视口添加圆弧段。

［角度（A）/圆心（CE）/闭合（CL）/方向（D）/直线（L）/半径（R）/第二个点（S）/放弃（U）/圆弧端点（E）］＜圆弧端点＞：｜｜输入选项或按回车键

• 闭合（C）：闭合边界。如果在指定至少 3 个点之后按回车键，边界将会自动闭合。

• 长度（L）：在与上一线段相同的角度方向上绘制指定长度的直线段。如果上一线段是圆弧，将绘制与该弧线段相切的新直线段。

• 放弃（U）：删除最近一次添加到多边形视口中的直线或圆弧。

（2）从"对象"创建视口。

指定在图纸空间中创建的封闭的多段线、椭圆、样条曲线、面域或圆以转换到视口中。指定的多段线必须是闭合的，并且至少包含 3 个顶点。它可以是自相交的，也可以包含圆弧和线段。调用该命令的方法如下。

菜单栏："视图"→"视口"→"对象"。

11.4.2　设置布局视口

1. 调整视口的大小及位置

相对于图纸空间，浮动视口和一般的图形对象没有区别。在构造布局图时，可以将浮动视口视为图纸空间的图形对象，使用通常的图形编辑方法来编辑浮动视口。

可以通过拉伸和移动夹点来调整浮动视口的边界，改变视口的大小，就像使用夹点编辑其他物体一样。

可以对其进行移动和调整。浮动视口可以相互重叠或分离。每个浮动视口均被绘制在当前层上，且采用当前层的颜色和线型。可以通过复制和阵列创建多个视口。

2. 在布局视口中缩放视图（设置比例）

在布局视口中视图的比例因子代表显示在视口中的模型的实际尺寸与布局尺寸的比例。图纸空间单位除以模型空间单位即可得到此比例。例如，对于 1：4 比例的图形，比例应该是一个比例因子，该比例因子是一个图纸空间单位对应 4 个模型空间单位（1：4）。

（1）通过执行 MSPACE 命令、单击状态栏上的"图纸"按钮，或双击浮动视口区域中的任意位置，激活浮动视口，进入浮动模型空间，然后利用"平移""实时缩放"等命令，将视图调整到合适位置。要想精确调整其比例，可以在执行 ZOOM 命令后选择 XP 选项。

（2）使用"特性"选项板修改布局视口缩放比例。选择要修改其比例的视口的边界，然后右击，在弹出的快捷菜单中选择"特性"命令。在"特性"选项板中选择"标准比例"选项，然后从其下拉列表框中选择新的缩放比例，选定的缩放比例将应用到视口中。

（3）利用视口工具栏修改布局视口缩放比例。单击要修改其比例的视口的边界，然后单击视口工具栏中的"视口比例"按钮，在弹出的列表中选择需要的缩放比例，这是比较常用的方法。

3. 锁定布局视口的比例

比例锁定将锁定选定视口中设置的比例。锁定比例后，可以继续修改当前视口中的几何图形而不影响视口比例。具体方法：单击要锁定其比例的视口的边界，然后单击视口工具栏中的"锁定/解锁视口"按钮即可。

注意：

视口比例锁定还可用于非矩形视口。要锁定非矩形视口，必须在"特性"选项中额外执行一个操作，以选择视口对象而不是视口剪裁边界。

11.5　管理图纸集

图纸集是几个图形文件中图纸的有序集合，图纸是从图形文件中选定的布局。

对于大多数设计组，图纸集是主要的提交对象。图纸集用于传达项目的总体设计意图，并为该项目提供文档和说明。然而，手动管理图纸集的过程较为复杂和费时。

使用图纸集管理器，可以将图形作为图纸集进行管理。图纸集是一个有序命名集合，可以从任意图形中将布局作为编号图纸输入到图纸集中。

可以将图纸集作为一个单元进行管理、传递、发布和归档。

11.5.1　创建图纸集

1. 准备任务

用户在开始创建图纸集之前，应完成以下任务。

（1）合并图形文件。将要在图纸集中使用的图形文件移动到几个文件夹中。这样可以简化图纸集管理。

（2）避免多个布局选项卡。要在图纸集中使用的每个图形只应包含一个布局（用作图纸集中的图纸）。对于多用户访问的情况，这样做是非常必要的，因为一次只能在一个图形中打开一张图纸。

（3）创建图纸。创建或指定图纸集用来创建新图纸的图形样板（DWT）文件。此图形样板文件称为图纸创建样板。在"图纸集管理器"对话框或"子集特性"对话框中指定此样板文件。

（4）创建页面设置替代文件。创建或指定 DWT 文件来存储页面设置，以便打印和发布。此文件称为页面设置替代文件，可用于将一种页面设置应用到图纸集中的所有图纸，并替代存储在每个图形中的各个页面设置。

提示：

虽然可以使用同一个图形文件中的几个布局作为图纸集中的不同图纸，但建议不这样做。这可能会使多个用户无法同时访问每个布局，还会减少管理选项并使图纸集整理工作变得复杂。

2. 开始创建

用户可以使用多种方式来创建图纸集，主要有以下两种方法。

• 命令：NEWSHEETSET。

• 菜单命令：选择"文件"→"新建图纸集"命令。

在使用"创建图纸集"向导创建新的图纸集时，将创建新的文件夹作为图纸集的默认存储位置。这个新文件夹名为 AutoCAD Sheet Sets，位于"我的文档"文件夹中。可以修改图纸集文件的默认位置，但是建议将 DST 文件和项目文件存储在一起。

在调用上述命令后，弹出"创建图纸集－开始"对话框。

在向导中，创建图纸集可以通过以下两种方式。

（1）从"样例图纸集"创建图纸集。

选择从"样例图纸集"创建图纸集时，该样例将提供新图纸集的组织结构和默认设置。用户还可以指定根据图纸集的子集存储路径创建文件夹。

使用此选项创建空图纸集后，可以单独输入布局或创建图纸。

（2）从"现有图形"文件创建图纸集。

选择从"现有图形"文件创建图纸集时，需指定一个或多个包含图形文件的文件夹。使用此选项，可以指定让图纸集的子集组织复制图形文件的文件夹结构。这些图形的布局可自动输入到图纸集中。

11.5.2　创建与修改图纸

完成图纸集的创建后，就可以使用"图纸集管理器"选项板创建与修改图纸。

在"图纸集管理器"选项板中，可以使用以下控件和选项卡。

• "图纸集"控件：列出用于创建新图纸集、打开现有图纸集或在打开的图纸集之间切换的菜单选项。

• "图纸列表"选项卡：显示图纸集中所有图纸的有序列表。图纸集中的每张图纸都是在图形文件中指定的布局。

• "图纸视图"选项卡：显示图纸集中所有图纸视图的有序列表。仅列出用 Auto-CAD 2005 和更高版本创建的图纸视图。

• "模型视图"选项卡：列出了一些图形的路径和文件夹名称，这些图形包含要在图纸集中使用的模型空间视图。

1. 新建图纸

在图纸集下面的列表中，如在"常规"选项上右击，在弹出的快捷菜单中选择"新建图纸"命令。

在弹出的"新建图纸"对话框中，输入编号及图纸标题即可新建图纸。

单击"确定"按钮，即可创建一个名为"01－说明"的图纸，在该图纸上右击，选择"打开"命令，即可打开新的图形窗口，在其中绘制图形即可。

参照上面的方法可以在"常规"子集或其他子集中继续创建图纸。

2. 修改图纸

(1) 重命名并重新编号图纸。

创建图纸后，可以更改图纸标题和图纸编号，也可以指定与图纸关联的其他图形文件。

(2) 从图纸集中删除图纸。

从图纸集中删除图纸将断开该图纸与图纸集的关联，但并不会删除图形文件或布局。

(3) 重新关联图纸。

如果将某个图纸移动到了另一个文件夹，应使用"图纸特性"对话框更正路径，将该图纸重新关联到图纸集。对于任何已重新定位的图纸图形，将在"图纸特性"对话框中显示"需要的布局"和"找到的布局"的路径。要重新关联图纸，在"需要的布局"中单击路径，然后单击以定位到图纸的新位置。

提示：

通过观察"图纸列表"选项卡底部的详细信息，可以快速确认图纸是否位于预设的文件夹中。如果选定的图纸不在预设位置，详细信息中将同时显示"预设的位置"和"找到的位置"的路径信息。

(4) 向图纸添加视图。

选择"模型"选项卡，通过向当前图纸中放入命名模型空间视图或整个图形，即可轻松地向图纸中添加视图。

提示：

创建命名模型空间视图后，必须保存图形，以便将该视图添加到"模型"选项卡。单击"模型"选项卡中的"刷新"按钮可更新"图纸集管理器"选项板中的树状图。

(5) 向视图添加标签块。

使用"图纸集管理器"选项板，可以在放置视图和局部视图的同时自动添加标签。标签中包含与参照视图相关联的数据。

(6) 向视图添加标注块。

标注块是术语，指参照其他图纸的符号。标注块有许多行业特有的名称，例如，参照标签、关键细节、细节标记和建筑截面关键信息等。标注块中包含与所参照的图纸和视图相关联的数据。

(7) 创建标题图纸和内容表格。

通常将图纸集中的第一张图纸作为标题图纸，其中包括图纸集说明和一个列出图纸集中的所有图纸的表。可以在打开的图纸中创建此表格，该表格称为图纸列表表格。该表格中自动包含图纸集中的所有图纸。只有在打开图纸时，才能使用图纸集快捷菜单创建图纸列表表格。创建图纸一览表之后，还可以编辑、更新或删除该表中的单元内容。

11.5.3 整理图纸集

对于较大的图纸集，有必要在树状图中整理图纸和视图。

在"图纸列表"选项卡中，可以将图纸整理为集合，这些集合被称为子集。在"图纸视图"选项卡中，可以将视图整理为集合，这些集合被称作类别。

1. 使用图纸子集

图纸子集通常与某个主题（例如，建筑设计或机械设计）相关联。例如，在建筑设计中，可能使用名为"建筑"的子集；而在机械设计中，可能使用名为"标准紧固件"的子集。在某些情况下，创建与查看状态或完成状态相关联的子集可能会很有用处。

可以根据需要将子集嵌套到其他子集中，创建或输入图纸或子集后，可以通过在树状图中拖动它们对其进行重新排序。

2. 使用视图类别

视图类别通常与功能相关联。例如，在建筑设计中，可能使用名为"立视图"的视图类别；而在机械设计中，可能使用名为"分解"的视图类别。

用户可以按类别或所在的图纸来显示视图。

可以根据需要将类别嵌套到其他类别中。要将视图移动到其他类别中，可以在树状图中拖动它们或者使用"设置类别"快捷菜单项。

11.5.4 发布、传递和归档图纸集

将图形整理到图纸集后，可以将图纸集作为包发布、传递和归档。

（1）发布图纸集。使用"发布"功能将图纸集以正常顺序或相反顺序输出到绘图仪。可以从图纸集或图纸集的一部分创建包含单张图纸或多张图纸的 DWF 或 DWFx 文件。

（2）设置要包含在已发布的 DWF 或 DWFx 文件中的特性选项，可以确定要在已发布的 DWF 或 DWFx 文件中显示的信息类型。可以包含的元数据类型有图纸和图纸集特性、块特性和属性、动态块特性和属性，以及自定义对象中包含的特性。只有发布为 DWF 或 DWFx 时才包含元数据，打印为 DWF 或 DWFx 时则不包含。

（3）传递图纸集。通过 Internet 将图纸集或部分图纸集打包并发送。

（4）归档图纸集。将图纸集或部分图纸集打包以进行存储。这与传递集打包类似，不同的是需要为归档内容指定一个文件夹且并不传递该包。

11.6　打印样式

为了使打印出的图形更符合要求，在对图形对象进行打印之前，应先创建需要的打印样式，在设置打印样式后还可以对其进行编辑。

11.6.1　创建打印样式表

创建打印样式表是在"打印-模型"对话框中进行的，打开该对话框的方法有以下4 种。

- 单击快速访问区中的"打印"按钮。
- 单击"菜单浏览器"按钮，在弹出的菜单中选择"文件"→"打印"命令。
- 直接按"Ctrl＋P"组合键。
- 在命令行中执行 PLOT 命令。

创建打印样式表的具体操作过程如下。

Step01：单击快速访问区中的"打印"按钮，弹出"打印－模型"对话框，在"打印样式表"下拉列表中选择"新建"选项。

Step02：弹出"添加颜色相关打印样式表－开始"对话框，选择"创建新打印样式表"单选按钮，然后单击"下一步"按钮。

Step03：弹出"添加颜色相关打印样式表－文件名"对话框，在"文件名"文本框中输入平面图文本，单击"下一步"按钮。

Step04：弹出"添加颜色相关打印样式表－完成"对话框，单击"完成"按钮，完成打印样式表创建。

11.6.2　编辑打印样式表

编辑打印样式表的具体操作步骤如下。

Step01：显示菜单栏，选择"文件"→"打印样式管理器"命令，打开系统保存打印样式表的文件夹，双击要修改的打印样式表。

Step02：弹出"打印样式表编辑器"对话框，切换至"表视图"选项卡，在该选项卡下选择需要修改的选项，这里在"线宽"右侧的第一个下拉列表中选择 0.3000 毫米选项。

Step03：切换至"表格视图"选项卡，在"特性"选项组中可以设置对象打印的颜色、抖动、灰度等，这里在"特性"选项组的"颜色"下拉列表中选择"蓝"选项，然后单击"保存并关闭"按钮。

在"打印样式表编辑器"对话框的"表格视图"选项卡中，部分选项的含义如下。

- "颜色"选项：指定对象的打印颜色。打印样式颜色的默认设置为"使用对象颜色"。如果指定打印样式颜色，在打印时该颜色将替代使用对象的颜色。

• "抖动"选项：打印机采用抖动来靠近点图案的颜色，使打印颜色看起来似乎比 AutoCAD 颜色索引（ACI）中的颜色要多。如果绘图仪不支持抖动，将忽略抖动设置。为避免由细矢量抖动所带来的线条打印错误，抖动通常是关闭的。关闭抖动还可以使较暗的颜色看起来更清晰。在关闭抖动时，AutoCAD 将颜色映射到最接近的颜色，从而导致打印时颜色范围较小，无论使用对象颜色还是指定打印样式颜色，都可以使用抖动。

• "灰度"选项：如果绘图仪支持灰度，则将对象颜色转换为灰度。如果关闭"灰度"选项，AutoCAD 将使用对象颜色的 RGB 值。

• "笔号"选项：指定打印使用该打印样式的对象时要使用的笔。可用笔的范围为 1～32。如果将打印样式颜色设置为"使用对象颜色"，或正编辑颜色相关打印样式表中的打印颜色，则不能更改指定的笔号，其设置为"自动"。

• "虚拟笔号"选项：在 1～255 之间指定一个虚拟笔号。许多非笔式绘图仪都可以使用虚拟笔模仿笔式绘图仪。对于许多设备而言，都可以在绘图仪的前面板上对笔的宽度、填充图案、端点样式、合并样式和颜色淡显进行设置。

• "淡显"选项：指定颜色强度。该设置确定打印时 AutoCAD 在纸上使用的墨的多少。有效范围为 0～100。选择 0 将显示为白色；选择 100 将以最大的浓度显示颜色。要启用淡显，则必须将"抖动"选项设置为"开"。

• "线型"选项：用样例和说明显示每种线型的列表。打印样式线型的默认设置为"使用对象线型"。如果指定一种打印样式线型，则打印时该线型将替代对象的线型。

• "自适应"选项：调整线型比例以完成线型图案。如果未将"自适应"选项设置为"开"，直线将有可能在图案的中间结束。如果线型缩放比例更重要，那么应先将"自适应"选项设为"关"。

• "线宽"选项：显示线宽及其数字值的样例。可以毫米为单位指定每个线宽的数值。打印样式线宽的默认设置为"使用对象线宽"。如果指定一种打印样式线宽，打印时该线宽将替代对象的线宽。

• "端点"选项：提供线条端点样式，如柄形、方形、圆形和菱形。线条端点样式的默认设置为"使用对象端点样式"。如果指定一种直线端点样式，打印时该直线端点样式将替代对象的线端点样式。

• "连接"选项：提供线条连接样式，如斜接、倒角、圆形和菱形。线条连接样式的默认设置为"使用对象连接样式"。如果指定一种直线合并样式，打印时该直线合并样式将替代对象的线条合并样式。

• "填充"选项：提供填充样式，如实心、棋盘形、交叉线、菱形、水平线、左斜线、右斜线、方形点和垂直线。填充样式的默认设置为"使用对象填充样式"。如果指定一种填充样式，打印时该填充样式将替代对象的填充样式。

• "添加样式"按钮：向命名打印样式表添加新的打印样式。打印样式的基本样式为

"普通"，它使用对象的特性，不默认使用任何替代样式。创建新的打印样式后必须指定要应用的替代样式。颜色相关打印样式表包含 255 种映射到颜色的打印样式，不能向颜色相关打印样式表中添加新的打印样式，也不能向包含转换表的命名打印样式表添加打印样式。

- "删除样式"按钮：从打印样式表中删除选定样式。被指定了这种打印样式的对象将以"普通"样式打印，因为该打印样式已不再存在于打印样式表中。不能从包含转换表的命名打印样式表中删除打印样式，也不能从颜色相关打印样式表中删除打印样式。
- "编辑线宽"按钮：单击此按钮将弹出"编辑线宽"对话框。共有 28 种线宽可以应用于打印样式表中的打印样式。如果存储在打印样式表中的线宽列表不包含所需的线宽，可以对现有的线宽进行编辑。不能在打印样式表的线宽列表中添加或删除线宽。

11.7　设置打印参数

打印参数的设置关系到打印图形的最终效果，其操作也是在"打印—模型"对话框中进行的。

11.7.1　设置打印区域

当只需打印绘图区中的某部分图形对象时，可以对打印区域进行设置，在"打印区域"选项组的"打印范围"下拉列表中包含窗口、范围、图形界限和显示 4 个选项。

其中各选项的含义如下。

- "窗口"选项：用于定义要打印的区域，选择该选项后，要返回绘图区选择打印区域。
- "范围"选项：将打印图形中的所有可见对象。
- "图形界限"选项：将按照设置的图形界限，打印图形界限内的图形对象。
- "显示"选项：将打印图形中显示的所有对象。

11.7.2　设置打印比例

打印比例的设置尤为重要，若打印比例过小会使打印输出后的图形对象在图纸上的显示比例很小，导致看不清楚，若打印比例过大，会导致图纸无法装满图形对象，无法查看。

"打印比例"选项组中各选项的含义如下。

- "布满图纸"复选框：选择该复选框，将缩放打印图形以布满所选图纸尺寸，并在"比例"下拉列表、"毫米"和"单位"文本框中显示自定义的缩放比例因子。
- "比例"下拉列表：指定打印的比例。

• "毫米"文本框：指定与单位数等价的英寸数、毫米数或像素数。当前所选图纸尺寸决定单位是英寸、毫米还是像素。

• "单位"文本框：指定英寸数、毫米数。

• "缩放现况"复选框：如果是在布局空间中打开的"打印"对话框，该复选框将被激活，选择该复选框后，对象的线宽也会按打印比例进行缩放，取消选择该复选框则只缩放打印图形而不缩放线宽。

11.7.3 设置图形方向

在"打印－模型"对话框的"图形方向"选项组中可以设置图形的打印方向。

其中各选项的含义如下。

• "纵向"单选按钮：选择该单选按钮，图形以水平方向放置在图纸上。

• "横向"单选按钮：选择该单选按钮，图形以垂直方向放置在图纸上。

• "上下颠倒打印"复选框：选择该复选框，则系统会将图形旋转 180° 后再进行打印。

11.7.4 设置图纸尺寸

设置图纸尺寸即选择打印图形时的纸张大小，在"图纸尺寸"下拉列表中进行选择即可。

11.7.5 设置打印样式

打印样式就像一个打印模子一样，是系统预设好的样式，通过设置打印样式即可间接地设置图形对象打印输出时的颜色、线型或线宽等特性。

Step01：弹出"打印－模型"对话框，在"打印样式表"下拉列表中选择需要的打印样式，这里选择 acad.ctb 选项。

Step02：系统自动弹出"问题"对话框，询问是否将此打印样式表指定给所有布局，单击"是"按钮，表示确定将此打印样式表指定给所有布局。

11.7.6 设置打印偏移

打印偏移可以控制打印输出图形对象时，图形对象位于图纸的哪个位置。

"打印偏移"选项组中各选项的含义如下。

• X 文本框：指定打印原点在 X 轴方向上的偏移量。

• Y 文本框：指定打印原点在 Y 轴方向上的偏移量。

• "居中打印"复选框：选择该复选框后将图形打印到图纸的正中间，系统自动计算出 X 和 Y 的偏移值。

11.7.7　打印着色的三维模型

当打印着色后的三维模型时，需在"着色视口选项"选项组的"着色打印"下拉列表中选择需要的打印方式。

其中部分选项的含义如下。

- 按显示：按对象在屏幕上显示的效果进行打印。
- 传统线框：用线框方式打印对象，不考虑它在屏幕上的显示方式。
- 传统隐藏：打印对象时消除隐藏线，不考虑它在屏幕上的显示方式。
- 渲染：按渲染后的效果打印对象，不考虑它在屏幕上的显示方式。

11.8　保存与调用打印设置

保存打印设置在以后打印相同图形对象时可以将其调出使用，可以节省再次进行打印设置的时间。

11.8.1　保存打印设置

Step01：启动 AutoCAD 2016，单击快速访问区中的"打印"按钮，弹出"打印－模型"对话框。

Step02：在"页面设置"选项组中单击"添加"按钮，弹出"添加页面设置"对话框，在"新页面设置名"文本框中输入要保存的打印设置名称，这里输入"建筑"，然后单击"确定"按钮。当保存图形文件时，即可将打印参数一起保存。

11.8.2　调用打印设置

将打印设置保存到计算机中后，在需要时即可调用该设置，具体操作步骤如下。

Step01：启动 AutoCAD 2016，单击快速访问区中的"打印"按钮，弹出"打印－模型"对话框，在"页面设置"选项组的"名称"下拉列表中选择"输入"选项。

Step02：弹出"从文件选择页面设置"对话框，选择保存打印设置的图形文件。弹出"输入页面设置"对话框，在"页面设置"列表框中显示该图形文件中的打印设置名称，这里选择"建筑"选项，单击"确定"按钮。

11.9　打印预览及打印

打印预览的效果和打印输出后的效果是完全相同的，打印预览的具体操作步骤如下。

Step01：启动 AutoCAD 2016，单击快速访问区中的"打印"按钮，弹出"打印－模型"对话框，对打印样式进行设置。

Step02：单击"预览"按钮，进入打印预览状态，若打印预览效果符合要求，即可单击"打印"按钮打印图形对象。

打印预览状态下工具栏中各按钮的功能如下。

• "打印"按钮：单击该按钮可直接打印图形文件。

• "平移"按钮：该功能与视图缩放中的平移操作相同，这里不再赘述。

• "缩放"按钮：单击该按钮后，光标变成 $\mathcal{Q}^+$ 形状，按住鼠标左键向下拖动鼠标，图形文件视图窗口变小，向上拖动鼠标，图形文件视图窗口变大。

• "窗口缩放"按钮：单击该按钮光标变成 $\square$ 形状，框选图形文件，视图中的图形文件会变大。

• "缩放为原窗口"按钮：单击该按钮窗口还原。

• "关闭"按钮：单击该按钮退出打印预览窗口。

本章习题

1. 简述图形布局的方法。

2. 图纸集管理的方法和步骤是什么？

3. 如何修改布局窗口？

4. 如何修改图纸？

5. 打印时要设置哪些参数？

第 12 章　综合实例——园林景观图的绘制

本章学习目标

- 熟悉 AutoCAD 2016 绘图步骤与方法。
- 掌握 AutoCAD 2016 基本图形绘制的综合应用。
- 应用 AutoCAD 2016 所学相关知识完成现实所需图形的精确绘制。

12.1　绘制花钵

园林设计是在一定的地域范围内，运用园林艺术和工程技术手段，通过改造地形、种植花草树木、营造建筑和布置园路等途径创造出生活、休憩等境域的过程。在绘制过程中，要严格遵守国家相关制图规范。园林景观图的绘制将会利用前文所学习的绘图技巧，表达景观园林中对称与不对称的各种场景图形。

花钵是种花或摆设用的器皿，为口大底端小的倒圆台或倒棱台形状，质地多为砂岩、泥、瓷、塑料及木制品。

为美化环境，近年出现许多特制的花钵、花盆代替传统花坛。由于其装饰美化简便，锈石花钵被称作"可移动的花园"。这些花钵灵活多样，随处可用，尤其对于城乡建筑比较密集和其他一些难于绿化地区的美化，有着特殊的意义。花钵以石材为主，也称为石雕花钵。石雕花钵质地坚硬致密、强度高、抗风化、耐腐蚀、耐磨损、吸水性低，美丽的色泽还能保存百年以上，颜色美观。

12.1.1　绘制花钵平面图

下面利用多线的绘制与编辑功能，根据墙体中线来绘制居室墙体轮廓图。下面介绍绘制步骤。

（1）执行"矩形"命令，绘制 2 400 mm×2 400 mm 的矩形，如图 12-1 所示。

图 12-1　绘制矩形

（2）执行"直线"命令，捕捉绘制对角线，再执行"圆"命令，以对角线中心为圆心，绘制半径为 1 190 mm 的圆，如图 12-2 所示。

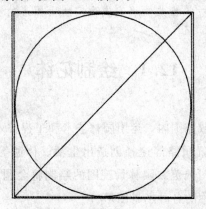

图 12-2　绘制对角线与圆

（3）执行"偏移"命令，将圆向内偏移 400 mm，删除对角线，如图 12-3 所示。

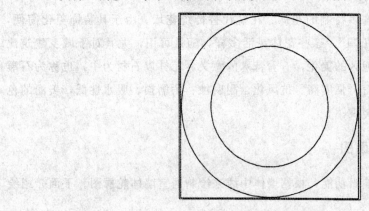

图 12-3　偏移图形

（4）执行线性标注与半径标注命令，对图形进行尺寸标注，如图 12-4 所示。

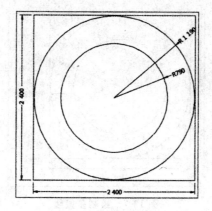

图 12-4 尺寸标注

（5）在命令行中输入 qleader 命令，对图形进行文字标注，如图 12-5 所示。

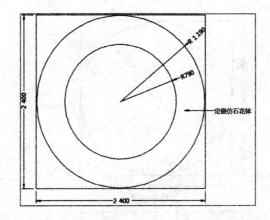

图 12-5 文字标注

（6）执行"多行文字"命令，创建文字，内容为"花钵平面图"，设置文字高度为100，字体为黑体加粗，移动到图形下方，如图 12-6 所示。

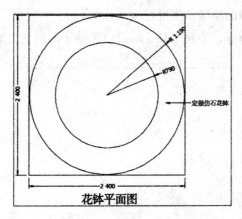

图 12-6 创建文字说明

（7）执行"多段线"命令，在文字下方绘制一条长度为 900 mm 的多段线，设置厚度为 40 mm，如图 12-7 所示。

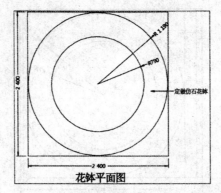

图 12-7　绘制多段线

（8）执行"复制"命令，向下复制多段线，并将其炸开，即完成花钵平面图的制作，如图 12-8 所示。

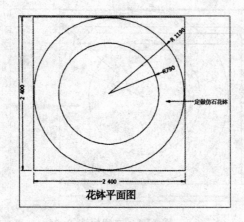

图 12-8　复制多段线

12.1.2　绘制花钵立面图

下面将对花钵立面图的绘制操作进行详细介绍。

（1）执行"直线"命令，绘制 2 400 mm×1 600 mm 的长方形，如图 12-9 所示。

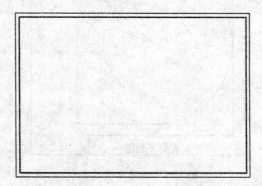

图 12-9　绘制长方形

（2）执行"偏移"命令，将上方直线向下依次偏移 60 mm、100 mm、60 mm、

1 240 mm，再将两侧直线各向内偏移 60 mm，如图 12-10 所示。

图 12-10 偏移图形

（3）执行"圆"命令，在上方左右两侧捕捉绘制两个半径为 60 mm 的圆，如图 12-11 所示。

图 12-11 绘制圆

（4）执行"修剪"命令，修剪并删除多余的线条，如图 12-12 所示。

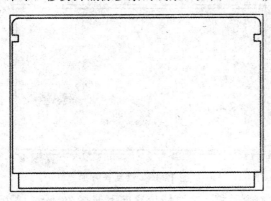

图 12-12 修剪图形

（5）执行"直线"命令，捕捉绘制两条直线，并设置颜色为灰色，如图 12-13 所示。

图 12-13　绘制直线

（6）执行"图案填充"命令，选择填充图案 GRAVEL，设置比例为 30，填充颜色为灰色，完成花钵底座的绘制，如图 12-14 所示。

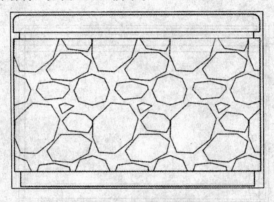

图 12-14　填充图案

（7）执行"直线"命令，绘制 2 380 mm×1 320 mm 的长方形，如图 12-15 所示。

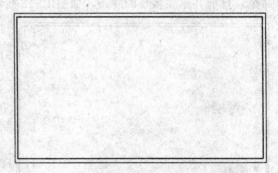

图 12-15　绘制长方形

（8）执行"偏移"命令，将上方直线依次向下偏移 20 mm、120 mm、60 mm、40 mm、100 mm、550 mm、20 mm、210 mm、20 mm、50 mm、50 mm，如图 12-16 所示。

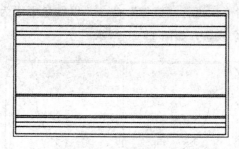

图 12-16　偏移图形

（9）继续执行"偏移"命令，将左侧直线向右依次偏移 120 mm、60 mm、100 mm、20 mm、170 mm、80 mm、80 mm、50 mm、80 mm、105 mm，再执行"直线"命令，绘制一条竖直中线，并设置属性颜色为红色，如图 12-17 所示。

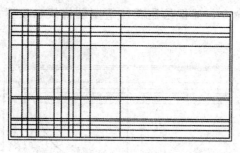

图 12-17　偏移图形

（10）执行"圆"以及"圆弧"命令，在图形左侧捕捉绘制多个圆以及弧线，如图 12-18 所示。

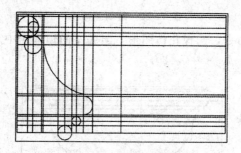

图 12-18　绘制圆与圆弧

（11）执行"修剪"命令，修剪并删除掉多余的线条，如图 12-19 所示。

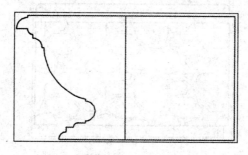

图 12-19　修剪图形

（12）选择左侧轮廓图形，执行"镜像"命令，以红色中线为镜像线，镜像复制出另一侧轮廓，修剪并删除多余线条，如图 12-20 所示。

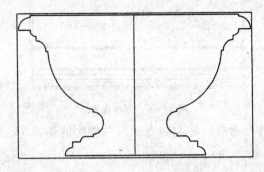

图 12-20　镜像图形

（13）执行"直线"命令，捕捉绘制花钵造型装饰线，设置属性颜色为灰色，如图 12-21 所示。

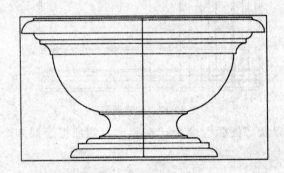

图 12-21　绘制装饰线

（14）执行"移动"命令，选择花钵图形，与底座的顶部居中对齐，再删除红色中线，如图 12-22 所示。

图 12-22　移动图形

（15）绘制辅助线，执行线性标注命令，对图形进行尺寸标注，再删除辅助线，如图 12-23 所示。

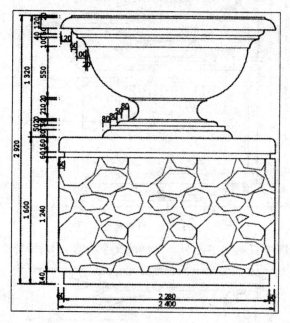

图 12-23 尺寸标注

（16）执行半径标注命令，为图形中的弧形标注半径尺寸，如图 12-24 所示。

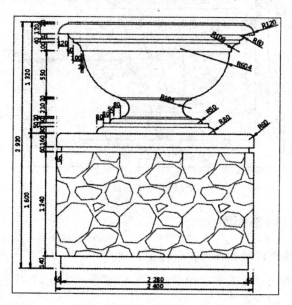

图 12-24 半径标注

（17）在命令行输入 qleader 命令，为图形进行添加引线标注，至此完成花钵立面图的制作，如图 12-25 所示。

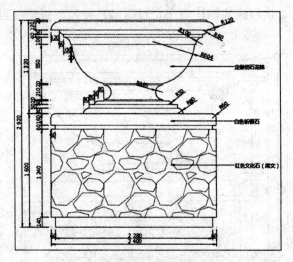

图 12-25　引线标注

（18）从花钵平面图中复制文字说明，并修改文字内容，如图 12-26 所示。

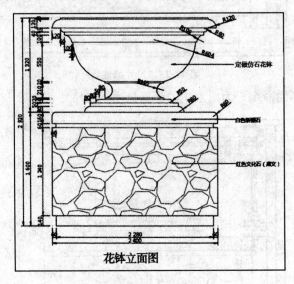

图 12-26　文字说明

12.1.3　绘制花钵剖面图

下面将对花钵剖面图的绘制操作进行详细介绍。

（1）复制花钵立面图，删除多余图形及尺寸标注等，如图 12-27 所示。

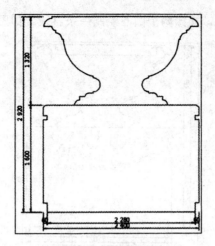

图 12-27　复制图形

（2）执行"偏移"命令，将顶部线条偏移 140 mm，花钵两侧皆照此绘制，如图 12-28 所示。

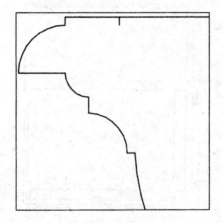

图 12-28　偏移图形

（3）执行"直线"命令，捕捉绘制一条 140 mm 的直线，再以直线为半径绘制圆，花钵两侧皆是照此绘制，如图 12-29 所示。

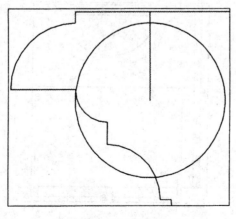

图 12-29　绘制圆

（4）执行"直线"命令，连接两个圆心绘制一条直线，如图 12-30 所示。

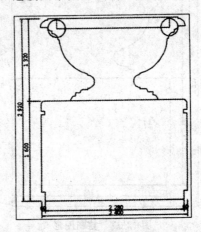

图 12-30　绘制直线

（5）执行"修剪"命令，修剪线条并删除多余线条，如图 12-31 所示。

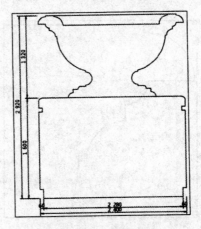

图 12-31　修剪图形

（6）执行"圆弧"命令，捕捉直线两端，绘制弧高度为 650 mm 的弧线，如图 12-32 所示。

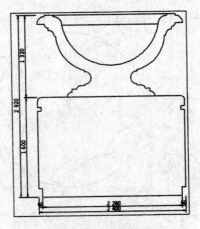

图 12-32　绘制弧线

（7）执行"偏移"命令，将第二层直线向下偏移 600 mm \ 20 mm，如图 12-33 所示。

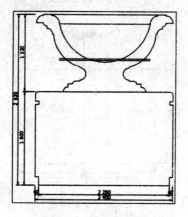

图 12-33　偏移图形

（8）执行"直线"命令，捕捉绘制一条中线，再执行"偏移"命令，向两侧各偏移 50 mm，如图 12-34 所示。

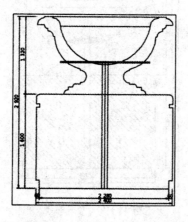

图 12-34　绘制并偏移直线

（9）删除中线，执行"修剪"命令，修剪多余的线条，如图 12-35 所示。

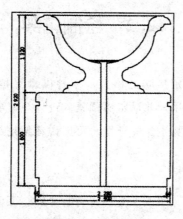

图 12-35　修剪图形

（10）执行"样条曲线"命令，绘制多个卵石造型，如图 12-36 所示。

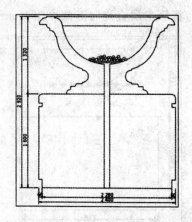

图 12-36 绘制卵石

（11）执行"图案填充"命令，选择图案 ANSI31，设置比例为 20，选择底座部分进行填充，再选择图案 AR—CONC，设置比例为 1，选择花钵区域进行填充，如图 12-37 所示。

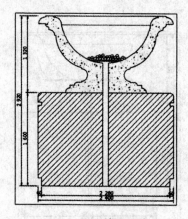

图 12-37 填充图案

（12）在命令行输入 qleader 命令，对图形进行相应的引线标注。

12.2 绘制花架

花架是用刚性材料构成一定形状的格架，一种供攀缘植物攀附的园林设施，又称棚架、绿廊，可作为遮阴休息之用，并可点缀园景。设计花架要先了解所配置植物的原产地和生长习性，以创造适宜于植物生长的环境。可以说花架是最接近于自然的园林小品。

12.2.1 绘制花架平面图

为了保持整洁美观，进行花架设计是非常有必要的。下面将对花架平面图的绘制过程进行介绍。

（1）执行"圆"命令，绘制 3 个同心圆，半径分别为 15 550 mm、14 750 mm、12 000 mm，

如图 12-38 所示。

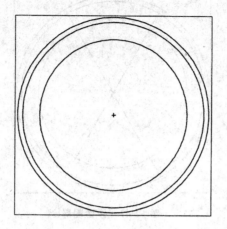

图 12-38　绘制同心圆

（2）执行"直线"命令，捕捉象限点绘制直线，如图 12-39 所示。

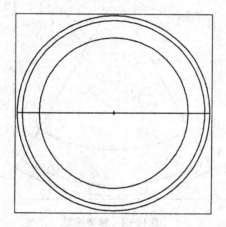

图 12-39　绘制直线

（3）执行"旋转"命令，以圆心为基点旋转 60°，如图 12-40 所示。

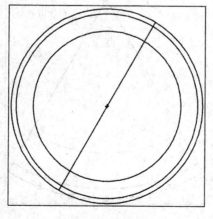

图 12-40　旋转图形

（4）执行"镜像"命令，镜像复制一条直线，如图 12-41 所示。

图 12-41 镜像图形

（5）执行"修剪"命令，修剪多余的线条，如图 12-42 所示。

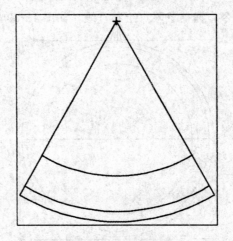

图 12-42 修剪图形

（6）执行"定数等分"命令，将最外侧的弧线等分为 6 份，如图 12-43 所示。

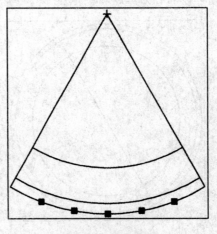

图 12-43 等分弧线

（7）执行"直线"命令，捕捉圆心和等分点绘制直线，如图 12-44 所示。

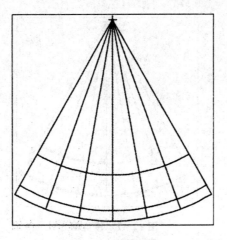

图 12-44　绘制直线

（8）删除最外侧弧线以及等分点，如图 12-45 所示。

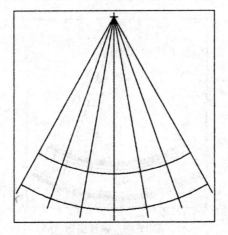

图 12-45　删除弧线与点

（9）执行"偏移"命令，将弧线分别向两侧偏移 75 mm，如图 12-46 所示。

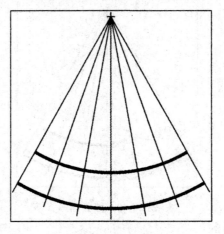

图 12-46　偏移图形

（10）执行"修剪"命令，修剪一侧的线条，如图 12-47 所示。

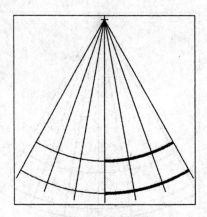

图 12-47 修剪图形

（11）再次执行"偏移"命令，将弧线依次向外侧偏移 145 mm、130 mm，再依次向内偏移 145 mm、280 mm，如图 12-48 所示。

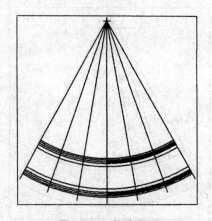

图 12-48 偏移图形

（12）执行"修剪"命令，修剪图形，如图 12-49 所示。

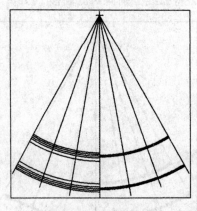

图 12-49 修剪图形

（13）执行"矩形"命令，绘制 240 mm×290 mm 的矩形，居中放置到图形中，如图 12-50 所示。

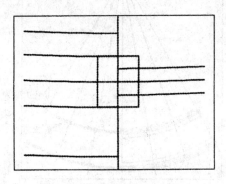

图 12-50 绘制矩形

（14）选择矩形向下复制，如图 12-51 所示。

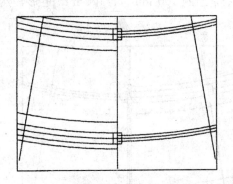

图 12-51 复制矩形

（15）执行"环形阵列"命令，选择两个矩形，以圆心为阵列中心，设置项目数为 7，填充角度为 60°，其余采用默认设置，进行阵列操作，如图 12-52 所示。

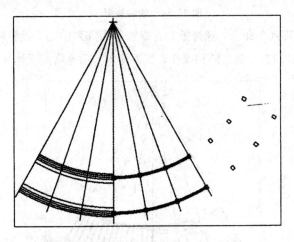

图 12-52 环形阵列

（16）执行"旋转"命令，将阵列处的矩形图形旋转-30°，并输入×命令，将其炸开，如图 12-53 所示。

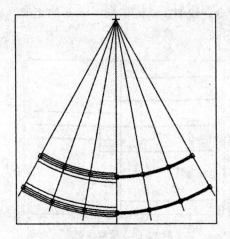

图 12-53 旋转图形

（17）执行"矩形"命令，绘制 100 mm×3 400 mm 矩形，然后移动到合适位置，如图 12-54 所示。

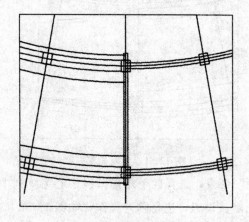

图 12-54 绘制矩形

（18）执行"环形阵列"命令，选择矩形，以圆心为阵列中心，设置项目数为 16，填充角度为 30°，其余采用默认设置，进行阵列操作，接着输入×命令将图形炸开，如图 12-55 所示。

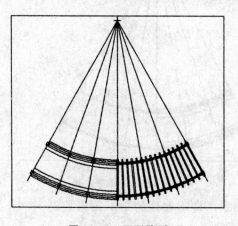

图 12-55 环形阵列

（19）执行"修剪"命令，修剪右侧的图形，如图 12-56 所示。

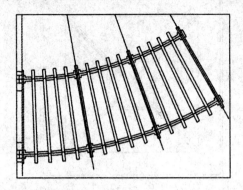

图 12-56　修剪图形

（20）执行"偏移"命令，将左侧的矩形框向内偏移 20 mm，如图 12-57 所示。

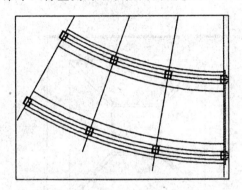

图 12-57　偏移图形

（21）执行"矩形"命令，绘制 4 000 mm×4 000 mm 的矩形，再执行"偏移"命令，向内依次偏移 500 mm、950 mm、50 mm，如图 12-58 所示。

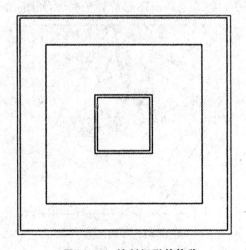

图 12-58　绘制矩形并偏移

（22）执行"直线"命令，捕捉绘制对角线，再执行"偏移"命令，将对角线分别向两侧偏移 40 mm，如图 12-59 所示。

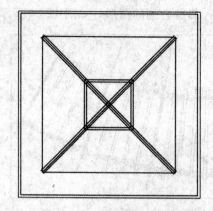

图 12-59 绘制直线并偏移

（23）删除对角线，再执行"修剪"命令，修剪多余的线条，绘制一个凉亭顶面造型图，如图 12-60 所示。

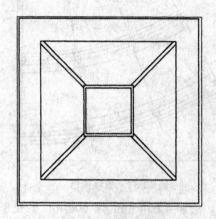

图 12-60 修剪图形

（24）执行"旋转"命令，将凉亭顶面图形旋转－60°，如图 12-61 所示。

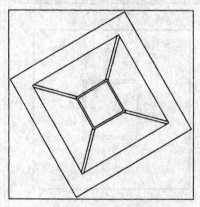

图 12-61 旋转图形

（25）移动凉亭顶面图形到合适位置，如图 12-62 所示。

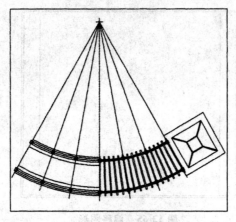

图 12-62　移动图形

（26）删除被覆盖的图形，如图 12-63 所示。

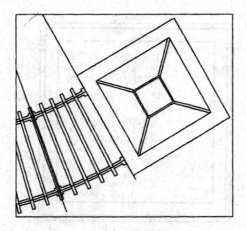

图 12-63　删除图形

（27）执行"直线"命令，绘制 3 300 mm×3 900 mm 的长方形，如图 12-64 所示。

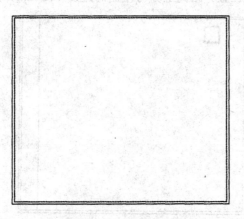

图 12-64　绘制长方形

（28）执行"偏移"命令，将两侧直线向内偏移 300 mm，如图 12-65 所示。

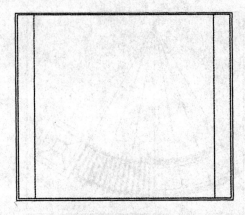

图 12-65　偏移图形

（29）执行"矩形"命令，绘制 29 mm×290 mm 的矩形，再执行"偏移"命令，向内偏移 20 mm，如图 12-66 所示。

图 12-66　绘制矩形并偏移

（30）移动图形到合适位置，距离上方与左侧的边线 120 mm，如图 12-67 所示。

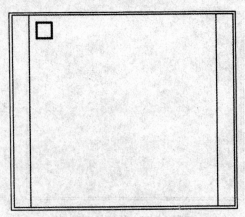

图 12-67　移动图形

（31）执行"镜像"命令，镜像复制图形，如图 12-68 所示。

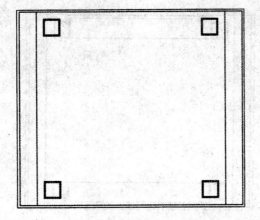

图 12-68 镜像图形

（32）执行"多段线"命令，绘制 50 mm×2 480 mm 的多段线，如图 12-69 所示。

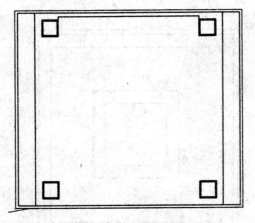

图 12-69 绘制多段线

（33）执行"偏移"命令，将多段线向外偏移 50 mm，如图 12-70 所示。

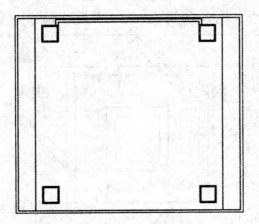

图 12-70 偏移图形

（34）执行"直线"命令，封闭两侧矩形，再执行"镜像"命令，将图形镜像到另一侧，如图 12-71 所示。

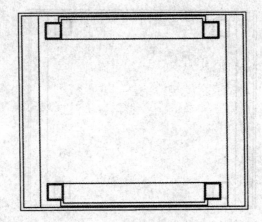

图 12-71   绘制图形并镜像

（35）执行"矩形"命令，绘制 1 600 mm×1 600 mm 的矩形，并向内依次偏移 100 mm、350 mm、100 mm，如图 12-72 所示。

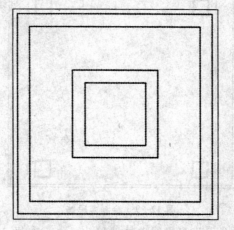

图 12-72   绘制矩形并偏移

（36）复制外侧的两个矩形框，并旋转 45°，与原始图形居中对齐，如图 12-73 所示。

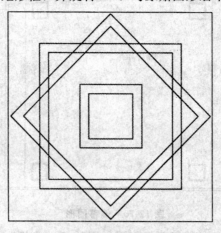

图 12-73   旋转图形

（37）执行"修剪"命令，修剪并删除多余的线条，完成拼花图案的绘制，如图

12-74 所示。

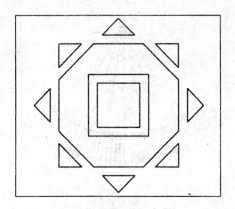

图 12-74　修剪图形

（38）执行"直线"命令，在图形中绘制两条中线，将拼花图案居中对齐，再删除中线，完成凉亭平面图的绘制，如图 12-75 所示。

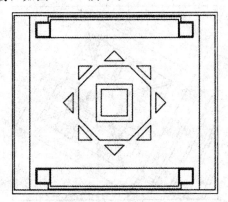

图 12-75　绘制直线

（39）选择图形，执行"旋转"命令，将凉亭平面图形旋转－30°，如图 12-76 所示。

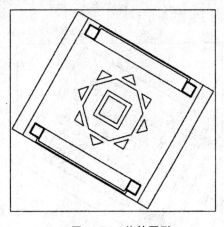

图 12-76　旋转图形

（40）移动凉亭平面到花架左侧的适当位置，然后删除被覆盖的图形，如图 12-77 所示。

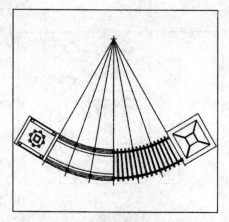

图 12-77　移动图形

(41) 执行"图案填充"命令，选择图案 AR—RSHKE，设置比例为 1.5，分别设置角度为 30°和 120°，选择右侧凉亭屋檐区域进行填充，如图 12-78 所示。

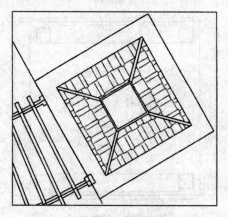

图 12-78　图案填充

(42) 执行"图案填充"命令，选择图案 AR—RROOF，设置比例为 15，选择右侧凉亭玻璃顶区域进行填充，如图 12-79 所示。

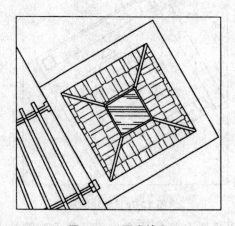

图 12-79　图案填充

(43) 执行"图案填充"命令，选择图案 DOMLIT，设置比例为 10，角度为 150°，选择左侧凉亭座椅区域进行填充，如图 12-80 所示。

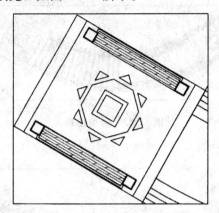

图 12-80　图案填充

（44）继续执行"图案填充"命令，填充剩余的花架地面材质，如图 12-81 所示。

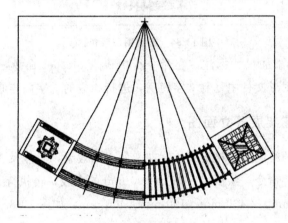

图 12-81　图案填充

（45）执行"偏移"命令，将花架上方弧线向上偏移 775 mm，如图 12-82 所示。

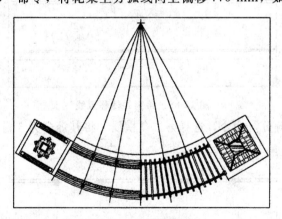

图 12-82　偏移图形

（46）执行"修剪"命令，修剪多余线条，再删除圆心标记，如图 12-83 所示。

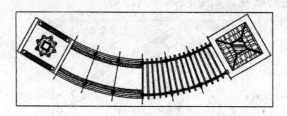

图 12-83　修剪图形

（47）调整图形颜色，如图 12-84 所示。

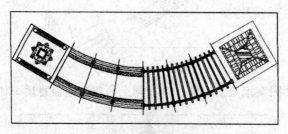

图 12-84　调整图形颜色

（48）接着为图形添加尺寸标注，在命令行中输入 qleader 命令，对图形进行引线标注。并且从前一小节图形文件中复制文字说明，进行相应的文字内容修改。

12.2.2　绘制花架展开立面图

完成花架平面图的绘制后，接下来绘制花架的立面效果，具体操作过程如下。

（1）执行"直线"命令，绘制出一条 14 000 mm 的直线，再执行"偏移"命令，将直线向下依次偏移 150 mm、2 400 mm、100 mm、400 mm，如图 12-85 所示。

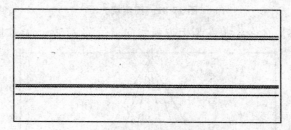

图 12-85　绘制并偏移直线

（2）执行"定数等分"命令，选择第二条横线，将其等分为 6 份，如图 12-86 所示。

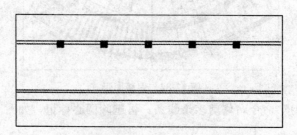

图 12-86　定数等分直线

（3）执行"直线"命令，捕捉等分点，绘制直线，再删除点，如图 12-87 所示。

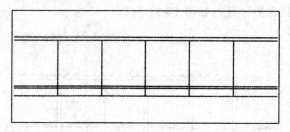

图 12-87　绘制直线

（4）执行"偏移"命令，偏移直线，如图 12-88 所示。

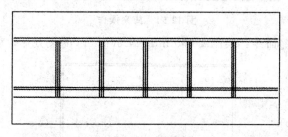

图 12-88　偏移图形

（5）删除中间的直线，执行"修剪"命令，修剪线条，如图 12-89 所示。

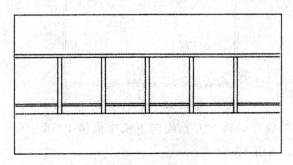

图 12-89　修剪图形

（6）执行"矩形"命令，绘制 100 mm×150 mm 的矩形，如图 12-90 所示。

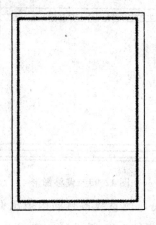

图 12-90　绘制矩形

（7）执行"阵列"命令，设置列数为 29，行数为 1，介于值为 467，对矩形进行阵列操作，然后将其移动到合适位置，如图 12-91 所示。

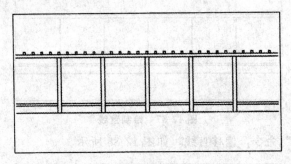

图 12-91　阵列操作

（8）执行"直线"命令，绘制 4 060 mm×4 500 mm 的长方形，如图 12-92 所示。

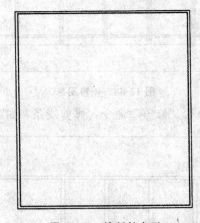

图 12-92　绘制长方形

（9）执行"偏移"命令，将上方直线向下依次偏移 1 000 mm、150 mm、150 mm、2 900 mm、150 mm，如图 12-93 所示。

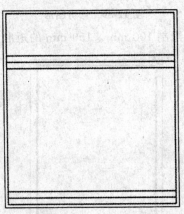

图 12-93　偏移图形

（10）执行"偏移"命令，将两侧直线各自向内依次偏移 80 mm、300 mm、20 mm、100 mm、290 mm、690 mm，如图 12-94 所示。

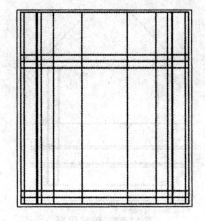

图 12-94 偏移图形

（11）执行"修剪"命令，修剪并删除多余线条，如图 12-95 所示。

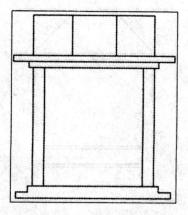

图 12-95 修剪图形

（12）执行"直线"命令，捕捉绘制亭子顶部斜坡，然后修剪删除多余线条，如图 12-96 所示。

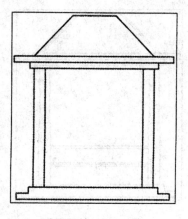

图 12-96 绘制直线

（13）执行"偏移"命令，将底部线条向上依次偏移 750 mm、60 mm、30 mm、350 mm、60 mm、550 mm，再将两个柱子线条各自向内偏移 20 mm，如图 12-97 所示。

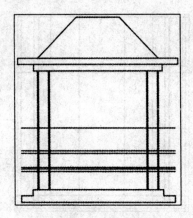

图 12-97 偏移图形

（14）执行"修剪"命令，修剪多余线条，如图 12-98 所示。

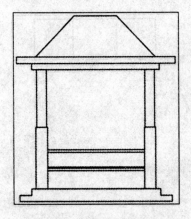

图 12-98 修剪图形

（15）执行"偏移"命令，将亭子顶部向内偏移 50 mm，再修剪线条，如图 12-99 所示。

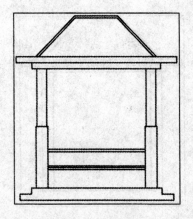

图 12-99 偏移图形

（16）执行"图案填充"命令，选择图案 ANSI32，设置比例为 1，选择亭子顶部区域进行填充，如图 12-100 所示。

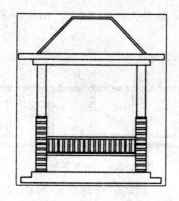

图 12-100 图案填充

（17）执行"图案填充"命令，选择图案 ARRSHKE，设置角度为 135°、45°，比例为 15，分别选择亭子立柱以及座椅靠背区域进行填充，如图 12-101 所示。

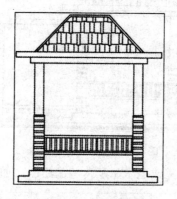

图 12-101 图案填充

（18）移动亭子与之前绘制的图形对齐，如图 12-102 所示。

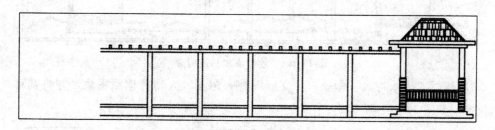

图 12-102 移动图形

（19）执行"镜像"命令，镜像复制出另一侧亭子，如图 12-103 所示。

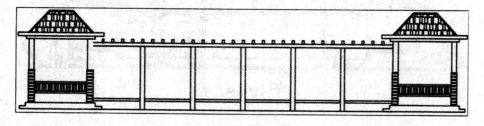

图 12-103 镜像图形

（20）执行"多段线"命令，绘制两条长 25 000 mm 的多段线，并设置下方的多段线宽度为 100 mm，如图 12-104 所示。

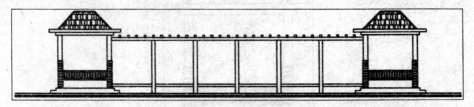

图 12-104　绘制多段线

（21）执行"样条曲线"命令，绘制一条曲线造型作为矮灌木丛，并设置线条颜色，如图 12-105 所示。

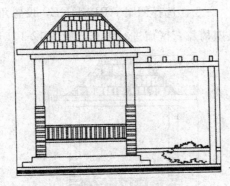

图 12-105　绘制样条曲线

（22）继续绘制样条曲线，完成灌木丛及树藤的绘制，如图 12-106 所示。

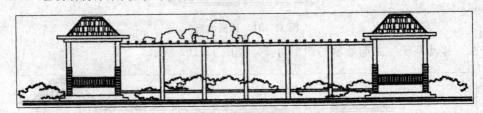

图 12-106　绘制灌木丛及树藤

（23）执行"插入＞块"命令，为立面图插入树木、人物等模型图块，并将其移动到合适位置，如图 12-107 所示。

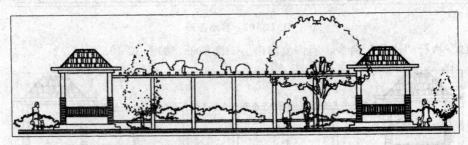

图 12-107　插入图块

（24）从前一小节图形文件中复制文字说明，并修改文字内容，如图 12-108 所示。

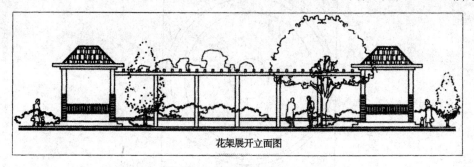

花架展开立面图

图 12-108   文字说明

12.3   绘制八音池

喷水池常见于生活之中，是为了美化环境而设置的装有人造喷泉的水池。作为现代建筑的一种装饰，在街心公园、大厦门前、石山之旁随处可见。本小节要绘制的喷水池中有八个出水口，名为八音池。

12.3.1   绘制八音池平面图

下面将利用圆、填充图案的绘制以及偏移、环形阵列等操作来绘制八音池平面图形，操作步骤介绍如下。

（1）执行"圆"命令，绘制半径为 7 800 mm 的圆，如图 12-109 所示。

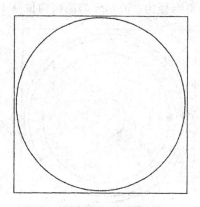

图 12-109   绘制圆

（2）执行"偏移"命令，然后将圆向内依次偏移 500 mm、1 300 mm、4 200 mm，如图 12-110 所示。

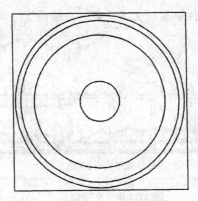

图 12-110　偏移图形

（3）执行"圆"命令，捕捉圆的象限点，分别绘制半径为 500 mm 和 250 mm 的圆，如图 12-111 所示。

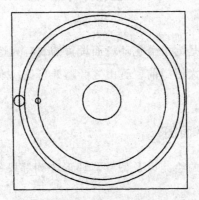

图 12-111　绘制圆

（4）执行"偏移"命令，将半径为 250 mm 的圆向内偏移 100 mm，如图 12-112 所示。

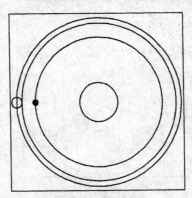

图 12-112　偏移图形

（5）执行"图案填充"命令，选择填充图案 HEX，设置比例为 100，颜色为灰色，选择中央的圆进行填充，如图 12-113 所示。

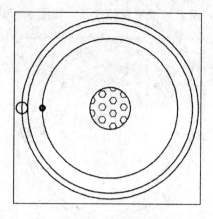

图 12-113　填充图案

（6）执行"图案填充"命令，选择填充图案 AR－CONC，设置比例为 1.5，填充颜色为灰色，选择边上的圆进行填充，用来模拟雕塑，再选择实体填充图案，设置颜色为黑色，选择旁边的小圆进行填充，如图 12-114 所示。

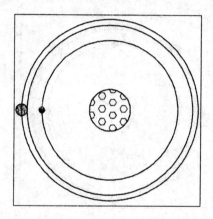

图 12-114　填充图案

（7）执行"环形阵列"命令，以圆心为阵列中心，对边上的图形进行阵列复制，如图 12-115 所示。

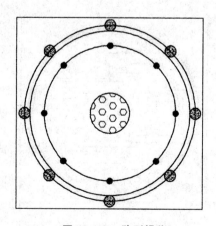

图 12-115　阵列操作

（8）执行"修剪"命令，修剪掉被覆盖的线条，如图 12-116 所示。

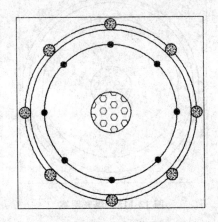

图 12-116　修剪图形

（9）执行"图案填充"命令，选择填充图案 DOLMIT，设置比例为 20，填充颜色为灰色，选择边上的圆进行填充，如图 12-117 所示。

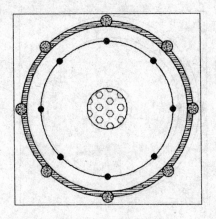

图 12-117　图案填充

（10）执行"直线"命令，在图形中任意绘制一些线条，作为水纹，如图 12-118 所示。

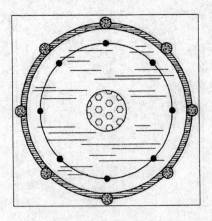

图 12-118　绘制线条

（11）执行半径标注命令，对图形进行标注，如图 12-119 所示。

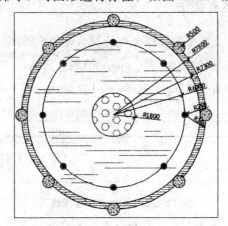

图 12-119　半径标注

（12）在命令行中输入 qleader 命令，对图形进行引线标注，如图 12-120 所示。

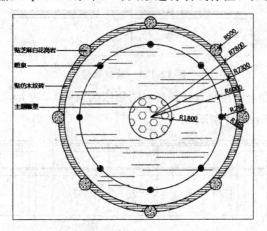

图 12-120　引线标注

（13）从前一小节文件中复制文字说明，并修改文字内容，如图 12-121 所示。

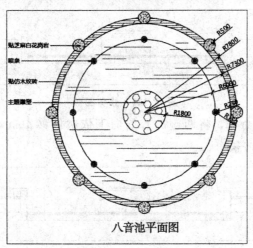

图 12-121　文字说明

12.3.2 绘制八音池剖面图

下面将利用偏移、修剪、镜像等操作命令绘制八音池剖面图，操作步骤介绍如下。

（1）执行"直线"命令，绘制长 19 600 mm 的直线，并执行"偏移"命令，将直线向下依次偏移 120 mm、420 mm、1 120 mm、40 mm、100 mm、400 mm，如图 12-122 所示。

图 12-122 绘制并偏移直线

（2）执行"直线"命令，捕捉中线，绘制一条长 5 000 mm 的竖直线，如图 12-123 所示。

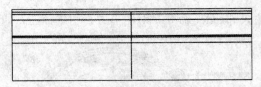

图 12-123 绘制直线

（3）执行"偏移"命令，将竖直线各自向两侧依次偏移 1 200 mm、4 200 mm、1 300 mm、500 mm、500 mm，如图 12-124 所示。

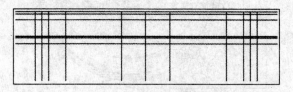

图 12-124 偏移图形

（4）执行"修剪"命令，修剪掉多余的线条，如图 12-125 所示。

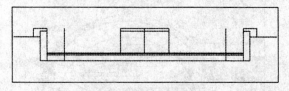

图 12-125 修剪图形

（5）执行"偏移"命令，将两侧的直线向下依次偏移 40 mm、100 mm、400 mm、600 mm，如图 12-126 所示。

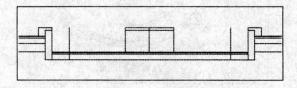

图 12-126 偏移图形

（6）执行"偏移"命令，将图形中间位置的直线各自向内偏移 360 mm，再将中线向两侧偏移 120 mm，如图 12-127 所示。

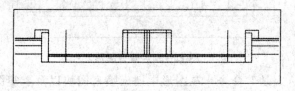

图 12-127　偏移图形

（7）执行"矩形"命令，绘制 120 mm×60 mm 和 50 mm×1 200 mm 两个矩形，并居中对齐，如图 12-128 所示。

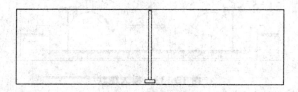

图 12-128　绘制矩形

（8）将图形移动到合适位置，并将其镜像复制到另一侧，如图 12-129 所示。

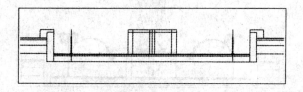

图 12-129　镜像图形

（9）执行"修剪"命令，修剪并删除多余的线条，如图 12-130 所示。

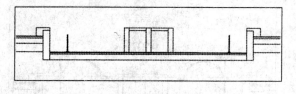

图 12-130　修剪图形

（10）执行"多段线"命令，制作一个打断符号，并镜像到另一侧，如图 12-131 所示。

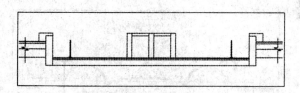

图 12-131　镜像图形

（11）执行"修剪"命令，修剪多余线条，如图 12-132 所示。

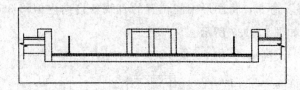

图 12-132　修剪图形

（12）执行"插入＞块"命令，在图形中插入喷泉图块以及雕塑图块，移动到合适位置，如图 12-133 所示。

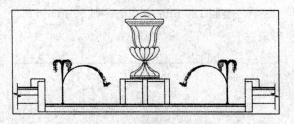

图 12-133　插入图块

（13）执行"直线"命令，绘制辅助线条，如图 12-134 所示。

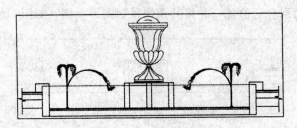

图 12-134　绘制直线

（14）执行"偏移"命令，将辅助线向下偏移 340 mm，并设置线型，如图 12-135 所示。

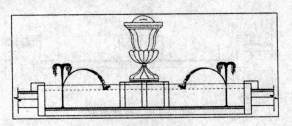

图 12-135　偏移图形

（15）执行"修剪"命令，修剪多余线条，如图 12-136 所示。

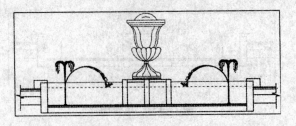

图 12-136　修剪图形

（16）执行"样条曲线"命令，绘制一个近圆形曲线，如图 12-137 所示。

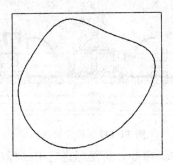

图 12-137　绘制样条曲线

（17）将曲线移动到池底位置，继续绘制不同大小的曲线，作为卵石造型，如图 12-138 所示。

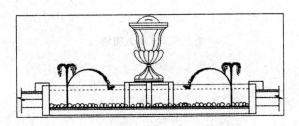

图 12-138　绘制卵石造型

（18）执行"图案填充"命令，选择填充图案 AR—RROOF，设置比例为 30，选择水域区域进行填充，如图 12-139 所示。

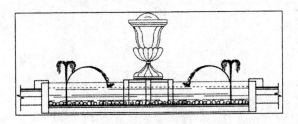

图 12-139　填充图案

（19）继续执行"图案填充"命令，分别填充喷水池两侧及池底区域，如图 12-140 所示。

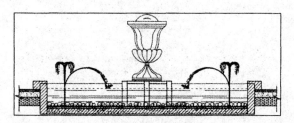

图 12-140　填充图案

（20）执行线性标注命令，对图形进行尺寸标注，如图 12-141 所示。

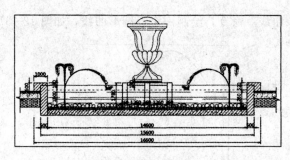

图 12-141   尺寸标注

(21) 在命令行中输入 qleader 命令，对图形进行引线标注，并从前一小节文件中复制文字说明，修改相应文字内容。

参考文献

[1] 蒋晓. AutoCAD 2010 中文版机械制图标准实例教程 [M]. 北京：清华大学出版社，2011.

[2] CAD\CAM\CAE 技术联盟. AutoCAD 2014 中文版从入门到精通 [M]. 北京：清华大学出版社，2014.

[3] 陈志民. 中文版 AutoCAD 2015 机械绘图实例教程 [M]. 北京：机械工业出版社，2014.

[4] 薛山. UGNX 9 基础教程 [M]. 北京：清华大学出版社，2014.

[5] 肖静. AutoCAD 2015 中文版基础教程 [M]. 北京：清华大学出版社，2015.

[6] 薛山，宋志辉，侯友山. AutoCAD 2016 实用教程 [M]. 北京：清华大学出版社，2016.

[7] 王征. AutoCAD 2016 实用教程 [M]. 北京：清华大学出版社，2015.

[8] 周跃文. AutoCAD 2016 入门到精通 [M]. 北京：中国铁道出版社，2017.

[9] 麓山文化. AutoCAD 2015 实用教程 [M]. 北京：机械工业出版社，2016.

[10] 桑莉君，肖康亮，王春霞，等. AutoCAD 2016 中文版从入门到精通 [M]. 北京：中国青年出版社，2015.

[11] 张开兴，张树生，刘贤喜. 三维 CAD 模型检索技术研究现状与发展分析 [J]. 农业机械学报，2013，44 (07)：256-263.

[12] 李永明，郑金晶. 3D 打印中 CAD 文件的定性与复制问题研究 [J]. 浙江大学学报（人文社会科学版），2016，46 (02)：147-159.

[13] 陶松桥. 面向设计的三维 CAD 模型搜索技术研究 [D]. 武汉：华中科技大学，2012.

[14] 马露杰，黄正东，梁良，等. CAD 模型表面区域分割方法 [J]. 计算机辅助设计与图形学学报，2009，21 (02)：148-153.

[15] 陶松桥，王书亭，郑坛光，等. 基于非精确图匹配的 CAD 模型搜索方法 [J]. 计算机辅助设计与图形学学报，2010，22 (03)：545-552.

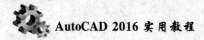

[16] 蔡晓媚. 服装 CAD 制版的智能化探讨 [J]. 艺术科技, 2016, 29 (11): 93.

[17] 樊敏. 小议 AutoCAD 机械项目教程课程教学 [J]. 科学咨询 (科技·管理), 2015 (07): 112.

[18] 胡婷. 关于《机械制图》与《AutoCAD》融合式教学的思考 [J]. 中华文化论坛, 2009 (S1): 206-207.

[19] 蒋春霞. 浅谈中职机械制图与机械 CAD 课程的教学整合 [J]. 快乐阅读, 2013 (31): 3-4.

[20] 裴善报. 机械制图课程教学改革与实践 [J]. 安徽工业大学学报 (社会科学版), 2010, 27 (03): 128-129.